U0206150

概念·探索·呈现：

西南交通大学建筑与设计学院
毕业设计作品集 （2018—2019）

GRADUATION SEASON
SoAD SWJTU
GRADUATION
WORKS EXHIBITION

沈中伟 支锦亦 / 编

建筑与设计学院 SCHOOL OF ARCHITECTURE AND DESIGN

西南交通大学出版社
·成 都·

图书在版编目（ＣＩＰ）数据

概念·探索·呈现：西南交通大学建筑与设计学院
毕业设计作品集 / 沈中伟，支锦亦编. —成都：西南
交通大学出版社，2019.10
ISBN 978-7-5643-6828-9

Ⅰ. ①概… Ⅱ. ①沈… ②支… Ⅲ. ①建筑设计 – 作
品集 – 中国 – 现代 Ⅳ. ①TU206

中国版本图书馆 CIP 数据核字（2019）第 070096 号

Gainian · Tansuo · Chengxian:
Xinan Jiaotong Daxue Jianzhu yu Sheji Xueyuan Biye Sheji Zuopinji

概念·探索·呈现：

西南交通大学建筑与设计学院毕业设计作品集

沈中伟　支锦亦　编

责 任 编 辑	杨　勇
封 面 设 计	钟　茜
版 式 设 计	陈立民　钟　茜　徐　路　杜　娟
出 版 发 行	西南交通大学出版社
	（四川省成都市金牛区二环路北一段 111 号
	西南交通大学创新大厦 21 楼）
发行部电话	028-87600564　028-87600533
邮 政 编 码	610031
网　　　址	http://www.xnjdcbs.com
印　　　刷	四川玖艺呈现印刷有限公司
成 品 尺 寸	190 mm × 190 mm
印　　　张	10
字　　　数	207 千
版　　　次	2019 年 10 月第 1 版
印　　　次	2019 年 10 月第 1 次
书　　　号	ISBN 978-7-5643-6828-9
定　　　价	88.00 元

SCHOOL OF ARCHITECTURE AND DESIGN

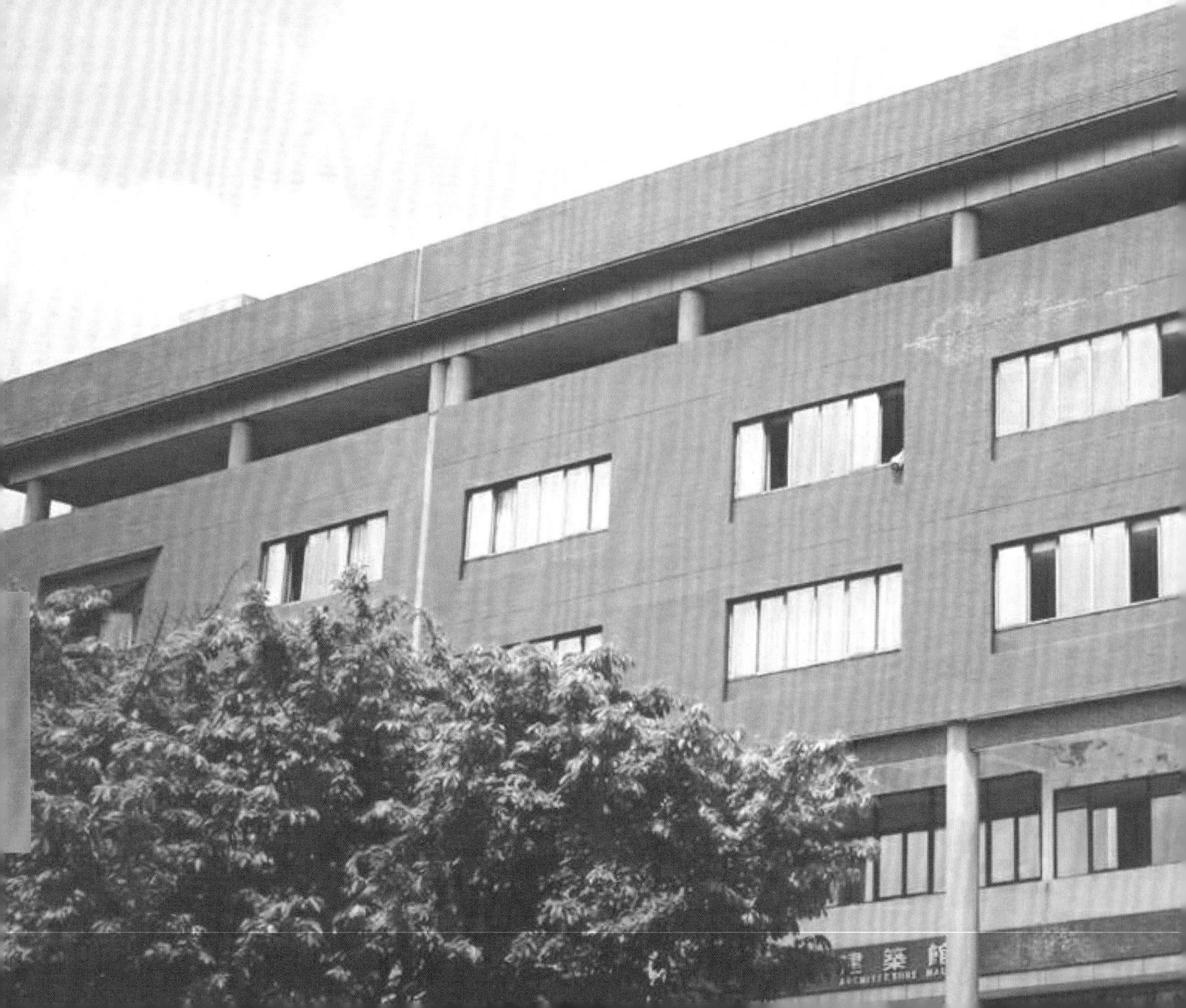

建筑与设计学院

西南交通大学建筑与设计学院的前身，是开设于1929年的唐山交通大学建筑科。1□□□□□刘福泰、徐中、李汶等老一辈教授先后主持和参与建筑学专业教学。培育了佘畯南院士、彭一刚院士等众多杰出校友。改革开放后，为适应国家经济发展和现代化建设需要，1985年学校恢复了建筑学专业，1986年正式恢复建筑系，2002年成立建筑学院，2015年，学校进行了学科调整，改革、重组新成立了建筑与设计学院。

西南交通大学建筑与设计学院的学科涵盖全面，设有建筑学一级学科博士点和工业设计与工程二级学科博士点，拥有建筑学、城乡规划学、风景园林学、设计学4个国家一级学科硕士点，同时有建筑学、城乡规划、风景园林、环境设计、视觉传达设计、产品设计、绘画7个本科专业；拥有建筑学、城市规划、风景园林、艺术等一批专业学位授予权；建有四川省博士后科研实践基地，组成了较为完善的学科结构体系。建筑学学科排名居全国16位。建筑学专业是国家级特色专业和四川省重点学科，也是全国首批"卓越工程师"培养专业之一。艺术造型综合实验中心是四川省高等学校实验教学示范中心。

西南交通大学建筑与设计学科群锐意进取，稳步发展，全力推进学科建设，积极开展国内外交流，逐步完善了教学、科研、实践相结合的人才培养模式，初步形成了"艺术底色，设计基础，专业厚度"的办学理念，教育教学达到国内先进水平。在2014年全国建筑学专业评估工作中，建筑学专业本科及研究生教育评估获得双优通过，为全国仅有的16所本硕都通过7年有效期评估的院校之一。学院努力适应时代发展的需要，积极建立 "人居环境—建筑空间—生活产品"一以贯之的通用设计人才培养序列，实现由外到内、由大及细的延伸；强调人才培养大平台的艺术底色和通用设计底色，不断夯实以建筑学为引领的各学科专业厚度。树立开放性的办学理念，不断优化课程体系、创新教育途径，灵活运用多种教育模式，注重学生实践能力的培养。学院各专业自开始办学以来，共培育了近万名毕业生，为国家的建设事业做出了积极而巨大的贡献。

学院坚持适应社会建设发展需要，培养高素质专业设计人才的办学宗旨，秉承学术强院原则，聚焦轨道交通建设、川西平原与西部高海拔多民族地区城乡发展等热点领域，鼓励以通用设计为纽带的跨学科一体化研究，在"交通建筑、规划与景观"和"高速铁路载运工具造型设计"等领域形成了骨干学术团队，开展了广泛的科研实践。承担了国家自然科学基金委、教育部、科技部、铁路总公司（原铁道部）、国家文物局、四川省等大型纵向课题近百项。2010年以来，学院教师获得国家级项目40余项，主持和参与完成了京沪高速铁路综合景观设计、成都铁路新客站方案、丽江火车站、峨眉山站交通枢纽、"复兴号"高速列车、"和谐号"CRH380A高速动车组人机工程设计、京张高铁智能列车造型等一批有代表性的设计方案和项目实施，科学研究成果不断丰富，特色日益鲜明。

建筑与设计学院现有教职工180人，其中专任教师146人。在校本科生、研究生2 400余名。下设建筑学系、城乡规划系、风景园林系、艺术设计系、工业设计系和美术学系。在建筑与设计馆（8号教学楼）拥有教学、科研空间3万余平方米。设有独立的分馆，藏书3万余册，订阅中外文期刊近200种。功能先进的学生创新教育中心、艺术创作综合实验中心、计算机中心、建筑物理实验室等为学生提供了良好的实践学习环境。

FOREWORD

With lustrous grass and fragrant flowers all over the Southwest Jiaotong University campus (SWJTU), the summer saw countless comings and goings. This year, the 2018 and 2019 graduates of the School of Architecture and Design have left behind a valuable collection of creative work, the Chun Hua Qiu Shi collection. This work is an important achievement in the history of the school.

The architecture programs of SWJTU started in 1929, during the Tangshan period. After the reform and opening-up, the architecture program was resumed in 1985 and became the School of Architecture in 2002. It was expanded to the School of Architecture and Design in 2015 through the integration of related disciplines. The school has five national 1st level disciplines with seven undergraduate majors, four 1st level master's programs and a group of professional degree programs. We now have a first level Ph.D. program in architecture and two additional Ph.D. programs available in 2nd level disciplines. We benefit from a good university platform. As a national key university, SWJTU is on the list of China's first batch of Double First-Class universities, 211 Project universities, as well as one of the Characteristic 985 Project, and 2011 Plan universities. SWJTU is one of China's top universities with a government-ratified Graduate School under the direct administration of the Ministry of Education. The School of Architecture and Design strives to adapt to the needs of the new era. We are running a school with continuous improvements of the curriculum and innovative ways of education. Our various educational models are used flexibly in order to effectively realize the cultivation of students 'practical ability. Nearly 10,000 students have graduated from the various specialties in our school. They are now making positive contributions to the development of the Nation.

The five major disciplines are closely linked and work together to demonstrate the dedicated team spirit of the school, as well as the inexhaustible ability to design and create. Students, faculty and staff have benefited greatly from the interaction and cooperation. What makes this collection so precious is the thousands of hours of hard work by students and teachers, day and night, and the friendships that have developed during that time.

As the School of Architecture and Design continues to thrive, we wish our 2018 and 2019 graduates a bright future!

CPC Party Secretary: Shen Zhongwei

Dean: A.Jacob Odgaard

序言

　　孟夏草木盛，桃李分外香，无数个夏末夏初，相逢别离在交大的校园。西南交通大学建筑与设计学院2018届及2019届的毕业生，又给我们留下了一份宝贵的财富——春华秋实作品集。

　　建筑与设计学院前身，是开设于1929年的唐山交通大学建筑科。改革开放后，学校于1985年恢复建筑学专业，2002年成立建筑学院。2015年，学校进行学科调整，改革重组建立了建筑与设计学院。学院学科设置涵盖建筑学、城乡规划学、风景园林学、设计学4个国家一级学科，现设有：7个本科专业；4个一级学科硕士点，同时拥有一批专业学位授予权；1个建筑学一级学科博士点与2个二级学科博士点。建筑与设计学院的发展得益于良好的学校平台，作为教育部直属全国重点大学，西南交通大学是国家首批"双一流""211工程""特色985工程""2011计划"重点建设并设有研究生院的研究型大学。在学校的发展带领下，建筑与设计学院努力适应时代发展的需要，树立开放性的办学理念，不断优化课程体系、创新教育途径，灵活运用多种教育模式，注重学生实践能力的培养。在全院师生坚持不懈的努力下，学院各专业自办学以来，共培育了近万名毕业生，为国家的建设事业做出了积极和巨大的贡献。

　　学院五大学科联系密切，携手共进，展现出建筑与设计学院这个大团体无比敬业的团队精神，以及无穷无尽的设计创作能力。我作为学院教师团队的一员，在与师生的交流合作中受益匪浅。追忆往昔，多年寒暑沐风雨；几度春秋，百炼良材可擎天。这本作品集汇集了本届师生千个日夜的辛勤耕耘，包含了交大生涯的浓厚情谊，翻阅间，更感珍贵！

　　衷心祝愿2018届及2019届毕业生前途似锦，祝愿建筑与设计学院蒸蒸日上！

建筑与设计学院党委书记

建筑与设计学院院长

目 录
CONTENTS

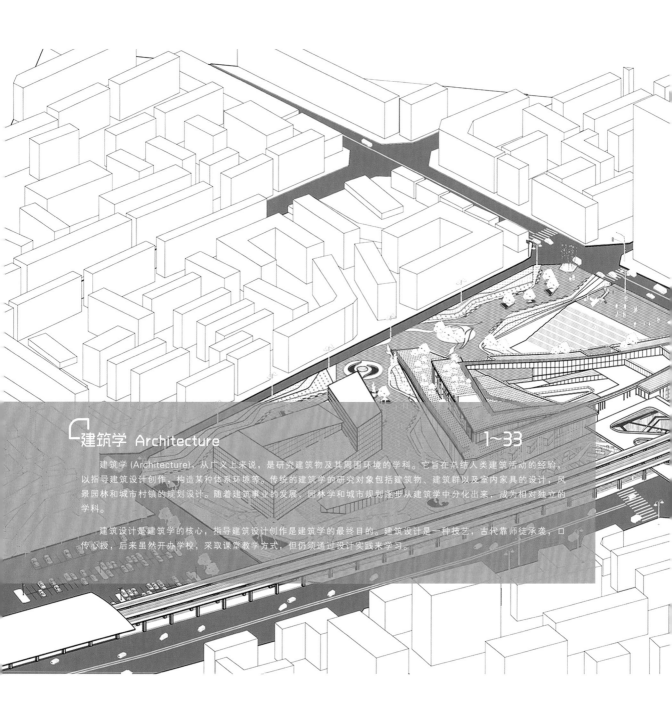

建筑学 Architecture

建筑学 (Architecture)，从广义上来说，是研究建筑物及其周围环境的学科。它旨在总结人类建筑活动的经验，以指导建筑设计创作，构造某种体系环境等。传统的建筑学的研究对象包括建筑物、建筑群以及室内家具的设计，风景园林和城市村镇的规划设计。随着建筑事业的发展，园林学和城市规划逐步从建筑学中分化出来，成为相对独立的学科。

建筑设计是建筑学的核心，指导建筑设计创作是建筑学的最终目的。建筑设计是一种技艺，古代靠师徒承袭，口传心授，后来虽然开办学校，采取课堂教学方式，但仍须通过设计实践来学习。

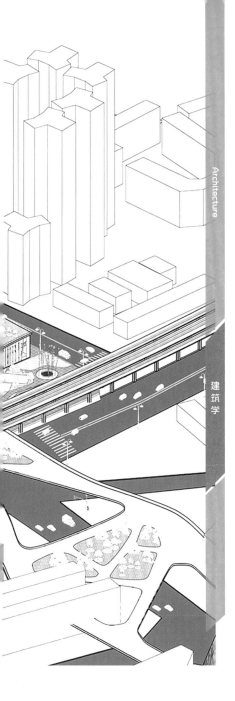

Architecture

建筑学

Architectural design is the core of architecture, and guiding architectural design creation is the ultimate goal of architecture. Architectural design is a kind of technology, which was inherited by teachers and students in ancient times and taught by heart. Later, although schools were set up and classroom teaching was adopted, design practice was still required to learn.

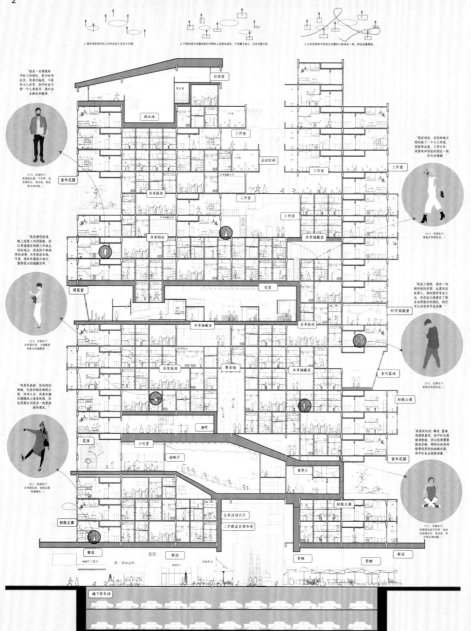

"安居"成都

刘博文 Liu Bowen

通过对当前青年人租房问题的研究，我们发现私密与公共空间过于割裂的传统小区使得青年人与这个城市没有交流，没有情感，没有归属感。此外，租赁这类房屋使他们负担了很多使用率较低的空间。因此，我们提出利用"亚文化圈"的形式来解决这类问题。新型居住区由公共空间、半公共空间、半私密空间和私密空间四个层次逐步渗透过渡，有序组合。

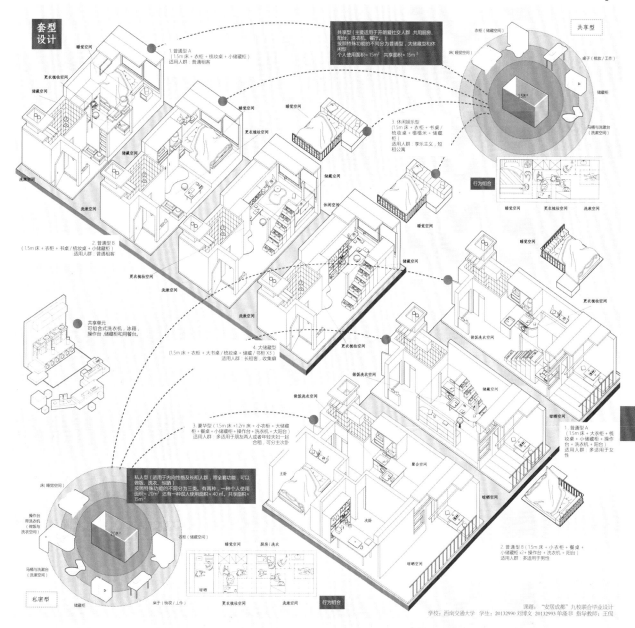

套型
设计

普通型 A
(1.5m 床 + 衣柜 + 梳妆桌 + 小储藏柜)
适用人群 普通租客

共享型 (主要适用于开朗爱社交人群，共用厨房、阳台、洗衣机、餐厅。)
按照特殊功能的不同分为普通型、大储藏型和休闲型
个人使用面积≈ 15m² 共享面积≈ 15m²

共享型

3. 休闲娱乐型
(1.5m 床 + 衣柜 + 书桌 / 梳妆桌 + 榻榻米 + 储藏柜)
适用人群：享乐主义，短租公寓

行为组合

睡觉空间　更衣梳妆空间　洗漱空间

2. 普通型 B
(1.5m 床 + 衣柜 + 书桌 / 梳妆桌 + 小储藏柜)
适用人群 普通租客

共享单元
可组合式洗衣机，冰箱，操作台，储藏柜和用餐台。

4. 大储藏型
(1.5m 床 + 衣柜 + 大书桌 / 梳妆桌 + 储藏 / 书柜 X3)
适用人群 长租客，收集癖

3. 豪华型 (1.5m 床 +12m 床 + 小衣柜 + 大储藏柜 + 餐桌 + 小储藏柜 + 操作台 + 洗衣机 + 大阳台)
适用人群 多适用于朋友两人或者老年轻夫妇一起组合，可分主次卧

私人型 (适用于内向性格及长租人群，带全屋功能，可以做饭、洗衣、晾晒)
按照特殊功能的不同分为三类，有两种，一种个人使用面积≈ 20m² 还有一种双人使用面积≈ 40 m²，共享面积≈ 15m²

私密型

行为组合

1. 普通型 A
(1.5m 床 + 大衣柜 + 梳妆桌 + 小储藏柜 + 操作台 + 洗衣机 + 阳台)
适用人群 多适用于女性

2. 普通型 B (1.5m 床 + 小衣柜 + 餐桌 + 小储藏柜 x2 + 操作台 + 洗衣机 + 阳台)
适用人群 多适用于男性

课题："安居成都"九校联合毕业设计
学校：西南交通大学 学生：20132990 刘博文 20132993 单涤非 指导教师：王侃

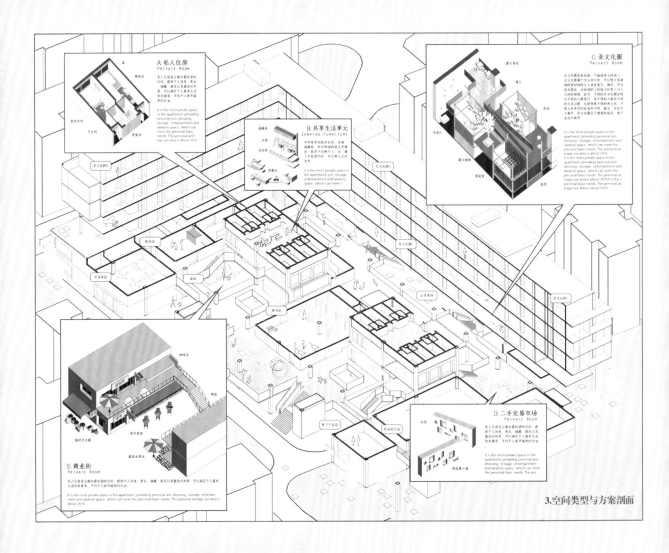

A: 私人住房
PRIVATE ROOM

私人住房是公寓内最私密的空间，提供个人休息、更衣、储藏、娱乐以及盥洗空间等，可以满足个人基本生活需要，平均个人使用面积约20㎡。

It is the most private space in the apartment, providing personal rest, dressing, storage, entertainment and lavatory space, which can meet the personal basic needs. The personal average use area is about 20㎡.

B: 共享生活单元
SHARING FURNITURE

共享家具包括洗衣机、冰箱、饮水机等陪伴型置人所需、家具平均每个人一个。满足单身租户的需要，可以购买之间共享。

It is the most private space in the apartment, pro storage, entertainment and lavatory space, which can meet !

C: 亚文化圈
PRIVATE ROOM

亚文化圈是指每一个独特单元构成一个，亚文化圈是源于平台公共空间，可以嗅觉它有着相同爱好的人群以人来此进行。如同、并且此处聚焦，从而消除了传统小世界，人与人之间的陌生感。虽然，不同的亚文化圈将使它们有相同的人群凝聚，给不同的人群提供，给不同的人群有利于不同，最后，直达了方案中亚文化圈给予建筑的底层，便于交流和使用。

It is the most private space in the apartment, providing personal rest, dressing, storage, entertainment and lavatory space, which can meet the personal basic needs. The personal average use area is about 20㎡.
It is the most private space in the apartment, providing personal rest, dressing, storage, entertainment and lavatory space, which can meet the personal basic needs. The personal average use area is about 20㎡ is the e personal basic needs. The personal average use area is about 20㎡.

E: 商业街
PRIVATE ROOM

私人住房是公寓内最私密的空间，提供个人休息、更衣、储藏、娱乐以及盥洗空间等，可以满足个人基本生活需要，平均个人使用面积约20㎡。

It is the most private space in the apartment, providing personal rest, dressing, storage, entertainment and lavatory space, which can meet the personal basic needs. The personal average use area is about 20㎡.

D: 二手交易市场
PRIVATE ROOM

私人住房是公寓内最私密的空间，提供个人休息、更衣、储藏、娱乐以及盥洗空间等，可以满足个人基本生活需要，平均个人使用面积约20㎡。

It is the most private space in the apartment, providing personal rest, dressing, storage, entertainment and lavatory space, which can meet the personal basic needs. The per.

3.空间类型与方案剖面

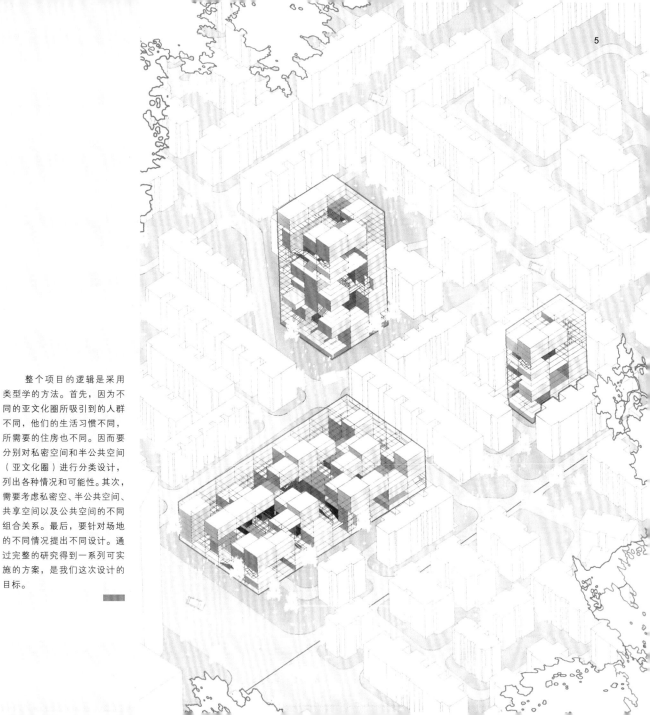

整个项目的逻辑是采用类型学的方法。首先，因为不同的亚文化圈所吸引到的人群不同，他们的生活习惯不同，所需要的住房也不同。因而要分别对私密空间和半公共空间（亚文化圈）进行分类设计，列出各种情况和可能性。其次，需要考虑私密空、半公共空间、共享空间以及公共空间的不同组合关系。最后，要针对场地的不同情况提出不同设计。通过完整的研究得到一系列可实施的方案，是我们这次设计的目标。

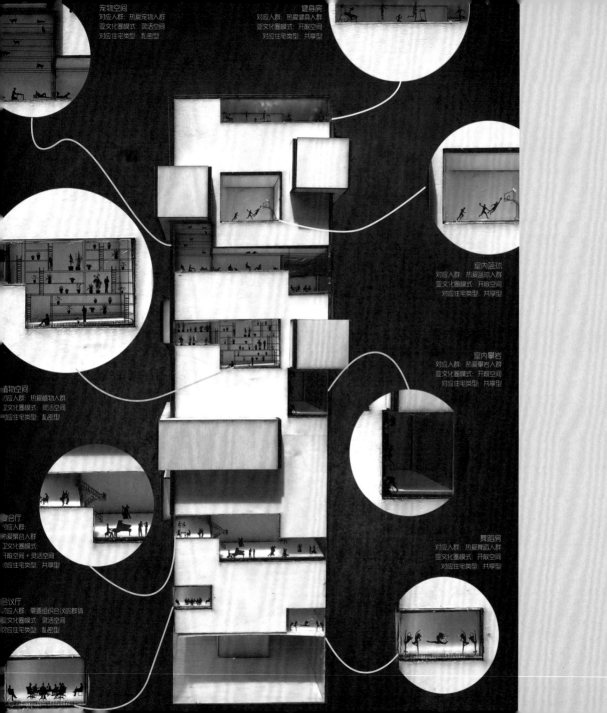

宠物空间
对应人群: 热爱宠物人群
亚文化圈模式: 灵活空间
对应住宅类型: 私密型

健身房
对应人群: 热爱健身人群
亚文化圈模式: 开敞空间
对应住宅类型: 共享型

室内篮球
对应人群: 热爱篮球人群
亚文化圈模式: 开敞空间
对应住宅类型: 共享型

植物空间
对应人群: 热爱植物人群
亚文化圈模式: 灵活空间
对应住宅类型: 私密型

室内攀岩
对应人群: 热爱攀岩人群
亚文化圈模式: 开敞空间
对应住宅类型: 共享型

复合厅
对应人群:
热爱聚合人群
亚文化圈模式:
开敞空间＋灵活空间
对应住宅类型: 共享型

舞蹈房
对应人群: 热爱舞蹈人群
亚文化圈模式: 开敞空间
对应住宅类型: 共享型

会议厅
对应人群: 需要组织会议的群体
亚文化圈模式: 灵活空间
对应住宅类型: 私密型

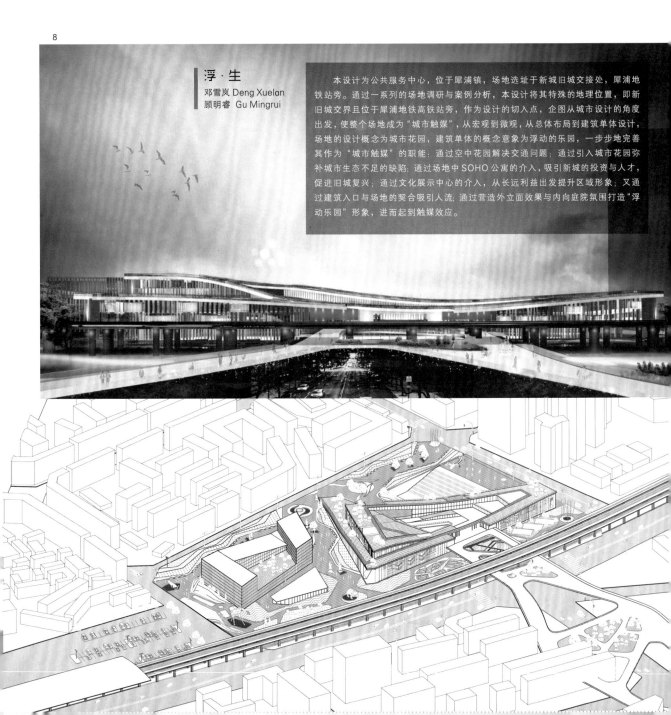

浮·生

邓雪岚 Deng Xuelan
顾明睿 Gu Mingrui

本设计为公共服务中心，位于犀浦镇，场地选址于新城旧城交接处，犀浦地铁站旁。通过一系列的场地调研与案例分析，本设计将其特殊的地理位置，即新旧城交界且位于犀浦地铁高铁站旁，作为设计的切入点，企图从城市设计的角度出发，使整个场地成为"城市触媒"，从宏观到微观，从总体布局到建筑单体设计，场地的设计概念为城市花园，建筑单体的概念意象为浮动的乐园，一步步地完善其作为"城市触媒"的职能：通过空中花园解决交通问题；通过引入城市花园弥补城市生态不足的缺陷；通过场地中 SOHO 公寓的介入，吸引新城的投资与人才，促进旧城复兴；通过文化展示中心的介入，从长远利益出发提升区域形象；又通过建筑入口与场地的契合吸引人流；通过营造外立面效果与内向庭院氛围打造"浮动乐园"形象，进而起到触媒效应。

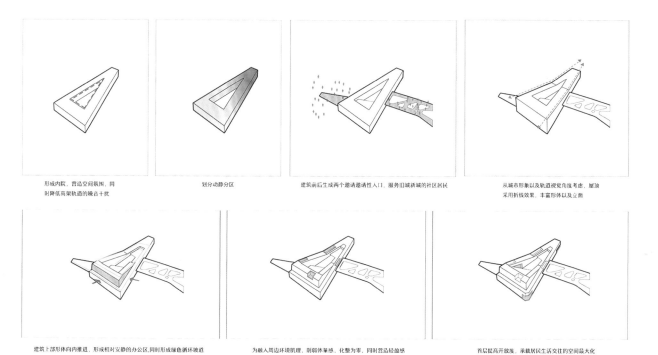

形成内院，营造空间氛围，同时降低高架轨道的噪音干扰

划分动静分区

建筑前后生成两个邀请性入口，服务旧城新城的社区居民

从城市形象以及轨道视觉角度考虑，屋顶采用折线效果，丰富形体以及立面

建筑上部形体向内推进，形成相对安静的办公区，同时形成绿色循环坡道

为融入周边环境肌理，削弱体量感，化整为零，同时营造轻盈感

首层提高开放度，承载居民生活交往的空间最大化

城市触媒的理论始终贯穿着设计的过程，
本城市公共服务中心设计的各方面也诠释
着城市触媒的思想和理念，试图寻求其思
想指导下的设计手法。

L5 PLAN（19.800）
开放办公室

L4 PLAN（+16.200）
办公室
开放办公室

L3 PLAN（+10.800）
书法 素描 国画 美术
创客机房
志愿者之家
音乐用房
阶梯展览

L2 PLAN（+5.250）
阅览厅
健身房
水吧

L1 PLAN（1.350）
小卖
咖啡厅
棋牌室
市民活动大厅
多功能厅
老年人活动室

B1 PLAN（-4.500）
多功能厅
菜场

■ 办公区
■ 青年活动区
■ 公共活动区
■ 老年活动区
■ 多功能区
■ 菜场区

办公流线
— 水平流线
-- 垂直流线

青年流线
— 水平流线
-- 垂直流线

公共流线
— 水平流线
-- 垂直流线

老年流线
— 水平流线
-- 垂直流线

剧场流线
— 水平流线
-- 垂直流线

菜场流线
— 水平流线
-- 垂直流线

B-B剖面图

總平面圖
SITE·PLAN

X=20521.272
Y=13482.037

X=20495.934
Y=13460.115

X=20484.988
Y=13463.508

X=20468.577
Y=13468.595

祥域

金 凤 路

12.50M

8.00M

9.00M

用地红线

道路中心线

清 江 西 路

地铁4号线

成温高架路

地下车库主出入口

地下车库
入口

宴会厅
次入口

酒店主入口

地下车库
入口

a+5.25

高层办公楼
24F
H=96.40M

商业裙房
3F
H=14.40M

高层酒店
15F
H=54.20M

16.80M

商业空间主入口

ROOF PLATFORM

±0.000=a+0.45

酒店主入口

7.00M

6.00M

4.20M

20.00M

地下室顶板 层数：2层

经济技术指标
基地面积：5596.30㎡
容积率：6.63
建筑密度：58.13%
建筑占地面积：3252.95㎡
建筑总面积：37082.39㎡
酒店标准层面积：1070.99㎡

3M
0   6

成都金沙酒店设计

韦合普 Wei Hepu　宋逸飞 Song Yifei

　　成都是一座因水而生，因水而兴，因水而困，因水而荣的城市。丰茂的水系灌溉出了成都平原肥沃的田地，进一步催生出农业种植、手工纺织、交通商业等繁荣的文化。都江堰水利工程建好后，成都平原风调雨顺，粮食产量大增。本次成都金沙酒店设计方案立足于金沙片区特殊地理区位和文化背景，挖掘成都天府之国的农耕文明，提取其中关于流水和田野的意向作为设计中概念的出发点和切入点，同时在形体生成和控制上运用新技术新手段的数字化模拟和分析将建筑形体的平面和立面转译为数字语言。通过比较不同的建筑原型得到各个高度的最佳平面布置，再运用数学逻辑算法形成针对此的形体控制方案，将建筑主观的概念和建筑客观的技术做一次融合演绎，最终得到完整的建筑设计方案。

技术图纸
TECHINICAL DRAWINGS

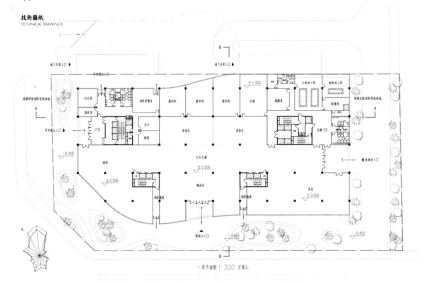

一层平面图 1:300 方案A

金沙遗址公园　　低层住宅　　多层住宅　　高层住宅

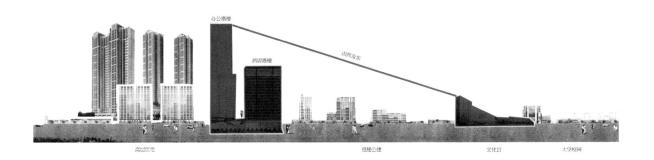

高层住宅　　办公塔楼　　低矮公建楼　　文化宫　　大学校园

鹿溪智谷刘家坝村金凤砖厂改造设计方案

伍永恒 Wu Yongheng

　　金凤砖厂位于鹿溪智谷刘家坝村中部的河流北岸，本次设计改造旨在将其改造成重现村庄记忆印象的一个记忆载体。作为场地里重要的节点建筑，除了具备充足的公共性能，也要考虑到其前身作为产业建筑的属性，以及因所处位置而具备的乡土特性。在砖厂的改造设计过程中，更需要考虑到功能与构造的现代性适应问题，以及材质与氛围的乡土性延续问题。具体做法是外部环境选择呼应场地规划与景观方案，引入广场水体分支延伸到建筑旁，创造一个虚的空间体量与砖厂的实体体量进行对比，从而保留砖厂的故有体量，将部分功能进行外置，增加公共性。而内部的改造策略则是重新设计结构体系，并且空间处理上采用圆与拱等围合元素来进行空间流线与界面的组织，让过于狭长或逼仄的空间适应现代功能，并且在材质的选择与氛围的打造上采用新旧对比的手法来对现代性与乡土性的问题作出回应。

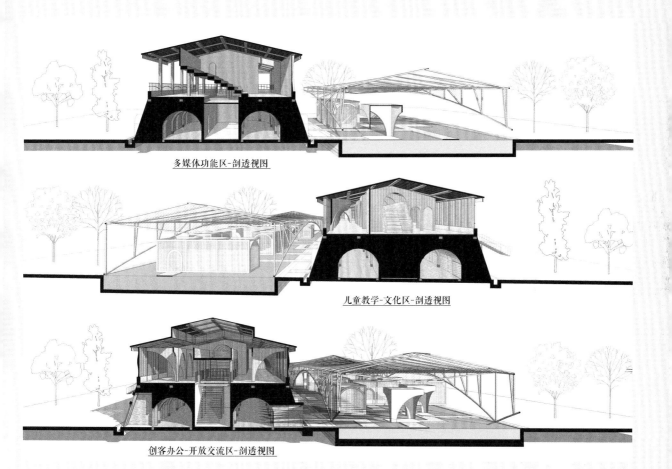

多媒体功能区-剖透视图

儿童教学-文化区-剖透视图

创客办公-开放交流区-剖透视图

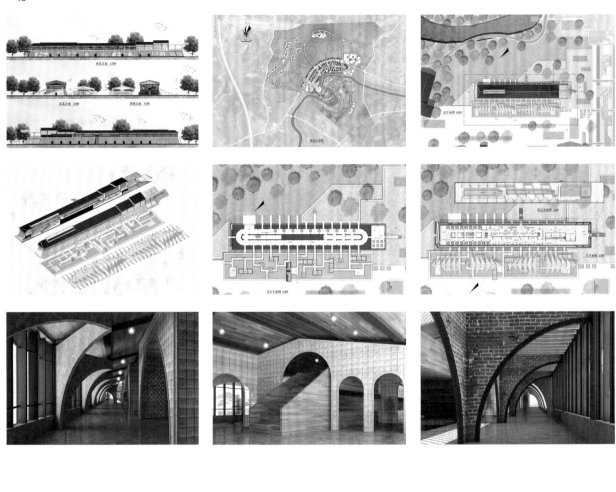

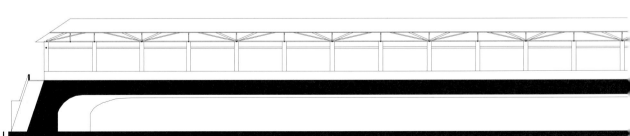

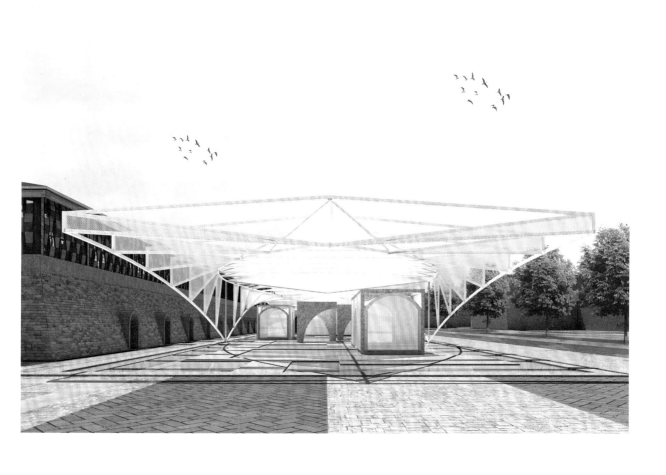

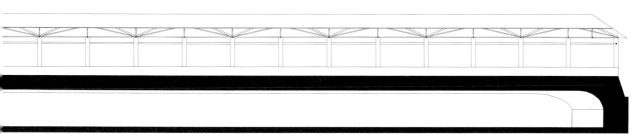

双面纺城 —— 可选择跨界地带

刘通 Liu Tong 刘静怡 Liu Jingyi

　　西安纺织城旧有棉纺厂区日渐凋敝，周边多样的旅游资源和便捷的交通并没有给现有纺织城带来效益。城市空间与废弃工厂未能很好整合，如何将纺织城的有利因素即纺织城的混杂性高效组织起来，打通不同要素之间的隔阂，是本课题主要研究的问题。

　　本设计通过两轴一带的城市设计策略和中介空间的引入打通在地居民、创客、游客之间的任督二脉，使其有机跨界。整合现有场地流线状态，将不同人群的流线网路编入场地地形，将不同人群的流线网路叠加后，得到重叠率最高的可跨界界面。按照不同人群的重叠比例，赋予跨界界面功能和空间内涵，形成设计规划范围内的三个主要跨界线索，从而形成可持续生态网络。

西南交通大学 刘 通
西南交通大学 刘静怡
指导老师 王 侃

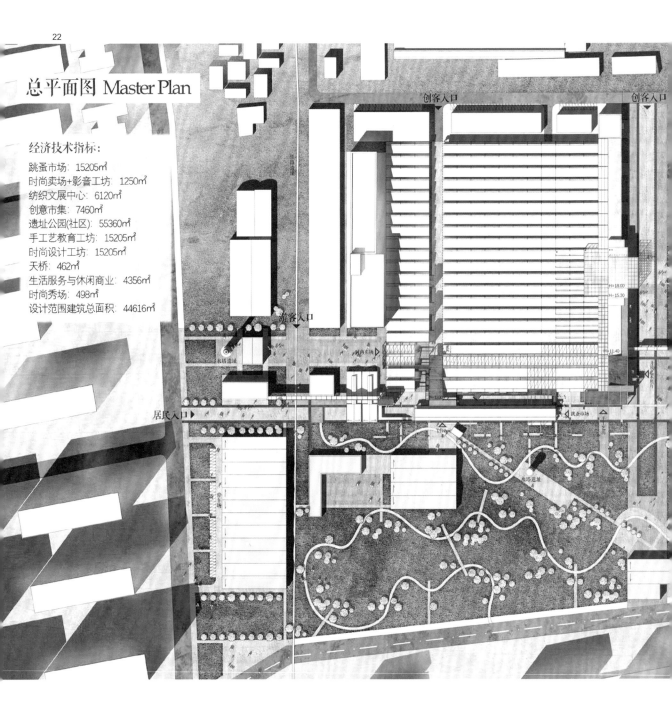

总平面图 Master Plan

经济技术指标：

跳蚤市场：15205㎡
时尚卖场+影音工坊：1250㎡
纺织文展中心：6120㎡
创意市集：7460㎡
遗址公园(社区)：55360㎡
手工艺教育工坊：15205㎡
时尚设计工坊：15205㎡
天桥：462㎡
生活服务与休闲商业：4356㎡
时尚秀场：498㎡
设计范围建筑总面积：44616㎡

细部设计

弹性隔墙

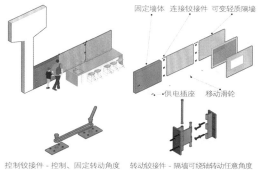

固定墙体　连接铰接件　可变轻质隔墙

供电插座　移动滑轮

控制铰接件 - 控制、固定转动角度　转动铰接件 - 隔墙可绕轴转动任意角度

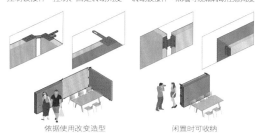

依据使用改变造型　　闲置时可收纳

展览空间自然光利用设计

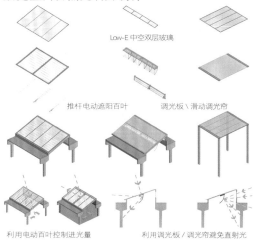

Low-E 中空双层玻璃

推杆电动遮阳百叶　调光板＼滑动调光帘

利用电动百叶控制进光量　　利用调光板／调光帘避免直射光

天空别院 ——雅安国际会展中心设计

王浩 Wang Hao 肖雅露 Xiao Yalu 龚振东 Gong Zhendong

　　本案位于雅安市某区，东邻青山，西接青衣江，周边风景秀美，资源丰富，有一条过境交通接壤，方案定位为会展酒店综合体，基于会展本身带来的大量地面交通，在设计的总图层面给予回应，同时作为另一主要功能的酒店，以景观导向作为设计启发，平面布局与景观回应。建筑构成上采用架空庭院作为视觉通廊，化解对于城市界面的压迫，并作为两大核心功能的公共空间纽带，色彩的运用上也提升了空间活力，旨在打造雅新区的新地标。

怀谷望山

张斯扬 Zhang Siyang
欧默奇 Ou Moqi

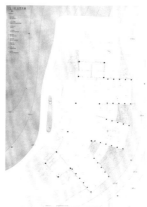

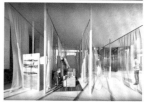

FROM THE PAINTING TO THE SPACE
从国纸到空间

景观引导流线
STREAMLINE

酒店入住流线
CHECK IN STREAM

后勤服务流线
MAINTAIN AND SERVICE STREAM

外部游乐流线
ONE DAY TOUR STREAM

FROM PAINTING TO SPACE

"斜源幸福森谷之秘境度假酒店" 规划设计

　　本次设计方案中，地处仰天窝，是大邑县重点规划和打造的"幸福森谷"方案中的重要位置。整体占地面积约为35公顷，海拔较高，约有1 300米，周边植被丰富，有多种名贵的药材，在前期规划中，也有相关的秘境香草谷等规划。配合娱乐设施和酒店的完善，本案还将规划乔木森林、药谷等一系列场地设施。场地周边规划完善，配套设置涵盖缆车站和车行道路。本案的目的是打造富有特色的野奢酒店。并结合各种场地特色的条件，打造景观丰富的酒店空间，促进人和自然的交融，同时也探究了山地建筑空间中建筑与自然的关系。

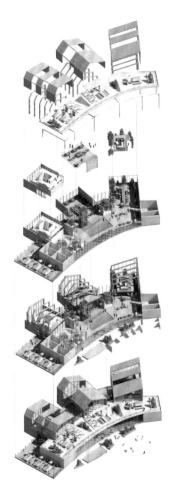

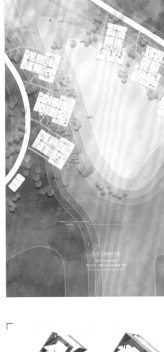

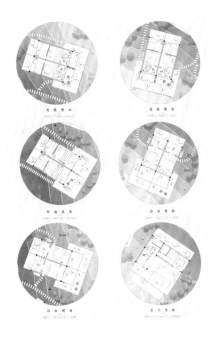

集中客房/沐风
HOTEL ROOM / WIND

集中客房/亲情
HOTEL ROOM / FAMILY

集中客房/沐山
HOTEL ROOM / BATH

集中客房/植庭
HOTEL ROOM / YARD

EXONO

SHOWER THE MOUNTAIN

ARCHITECTURE
THE HOTEL
集中客房

ARCHITECTURE
THE SPA
水疗中心

ARCHITECTURE
THE TREE HOUSE
树屋

对于整体的环抱性的板块布局，也是根据山地的起伏和景观视野朝向进行布置的。由于道路接驳口的高差较低，景观视野非常不好，但是是唯一通向该片区的政府规划道路，所以在接口处设置了较小的接待平台和停车场，用于酒店电瓶车的接驳和转换。整个路径穿过香草谷和乔木密林，到达山地的最高处，达到了整个建筑群组的第一个高潮，酒店大堂。酒店大堂朝向镇子一侧设置了三个较大的景观面窗，可以俯瞰整个溪谷。穿过酒店大堂区块，围绕这中间的药谷，是集中客房，散布在深林的两侧，更远处是 SPA 区域，这一区域主要围绕着乔木密林，保证了私密性。此两侧的高差较为平坦，适合设置集中的建筑物，而更远处的山坡之上，则设置了树屋这样体验性更强的区域，这一片可以眺望仰天窝，重峦叠嶂，远看斜源镇，景观视野更好，并且围绕茶山，更加有一种悠远、宁静的感受。而在中间，则分批设置了私享的香草秘境、茶山和药谷，依次靠近不同的区块，利于打造不同的自然活动。

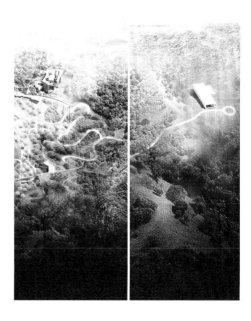

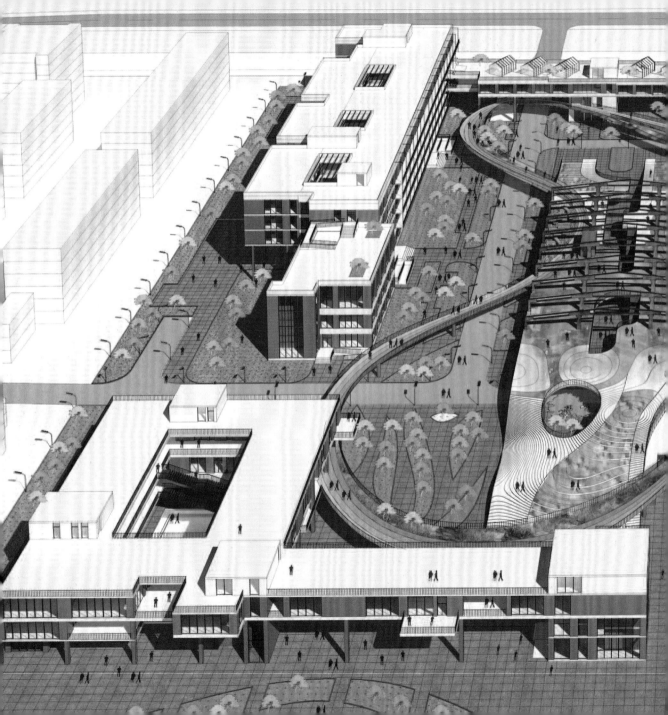

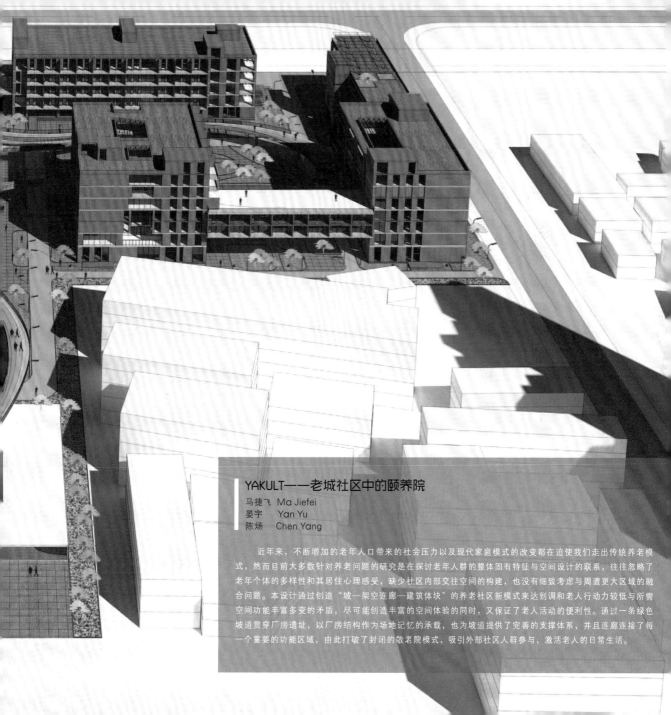

YAKULT——老城社区中的颐养院

马捷飞 Ma Jiefei
晏宇   Yan Yu
陈炀   Chen Yang

近年来，不断增加的老年人口带来的社会压力以及现代家庭模式的改变都在迫使我们走出传统养老模式，然而目前大多数针对养老问题的研究是在探讨老年人群的整体固有特征与空间设计的联系，往往忽略了老年个体的多样性和其居住心理感受，缺少社区内部交往空间的构建，也没有细致考虑与周遭更大区域的融合问题。本设计通过创造"坡—架空连廊—建筑体块"的养老社区新模式来达到调和老人行动力较低与所需空间功能丰富多变的矛盾，尽可能创造丰富的空间体验的同时，又保证了老人活动的便利性。通过一条绿色坡道贯穿厂房遗址，以厂房结构作为场地记忆的承载，也为坡道提供了完善的支撑体系，并且连廊连接了每一个重要的功能区域，由此打破了封闭的敬老院模式，吸引外部社区人群参与，激活老人的日常生活。

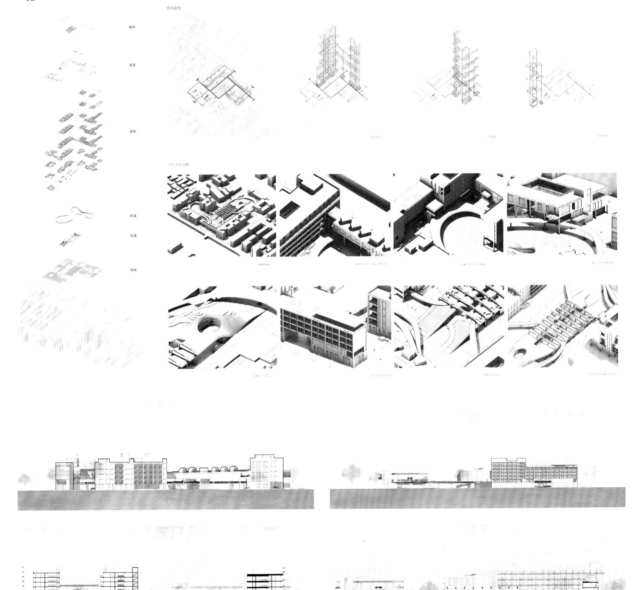

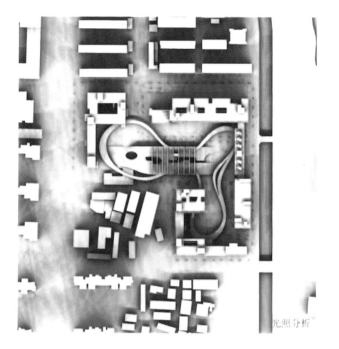

光照分析

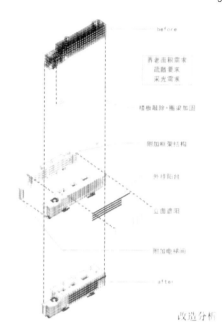

before

养老面积需求
疏散要求
采光需求

墙板拆除·楼板加固

附加框架结构

外挂阳台

立面遮阳

附加电梯间

after

改造分析

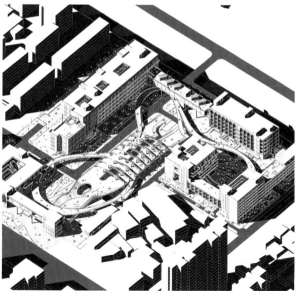

经济技术指标
占地面积：   31000.2 ㎡
建筑总面积：   43365.3 ㎡
保留建筑面积：1 2229.2 ㎡
建筑密度：   32%
容积率：   1.67
绿化率：   30%

总平面图 1：1000

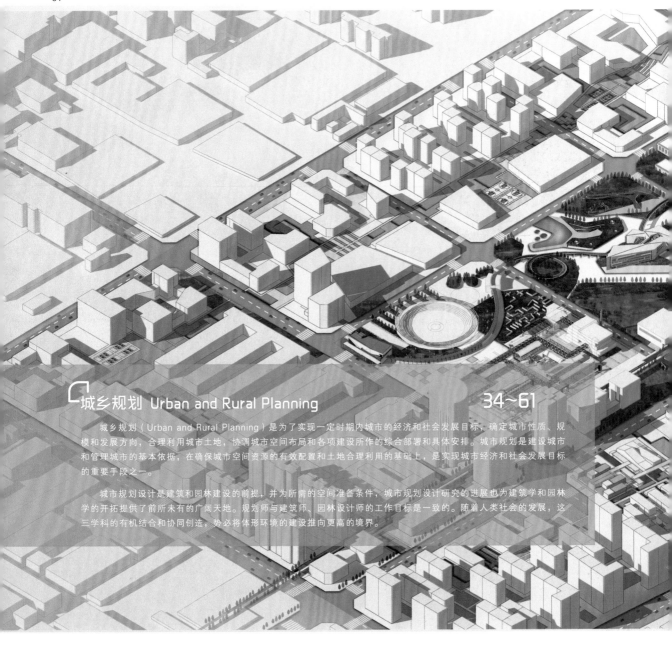

城乡规划 Urban and Rural Planning

　　城乡规划（Urban and Rural Planning）是为了实现一定时期内城市的经济和社会发展目标，确定城市性质、规模和发展方向，合理利用城市土地，协调城市空间布局和各项建设所作的综合部署和具体安排。城市规划是建设城市和管理城市的基本依据，在确保城市空间资源的有效配置和土地合理利用的基础上，是实现城市经济和社会发展目标的重要手段之一。

　　城市规划设计是建筑和园林建设的前提，并为所需的空间准备条件，城市规划设计研究的进展也为建筑学和园林学的开拓提供了前所未有的广阔天地。规划师与建筑师、园林设计师的工作目标是一致的。随着人类社会的发展，这三学科的有机结合和协同创造，势必将体形环境的建设推向更高的境界。

Urban Planning

城乡规划

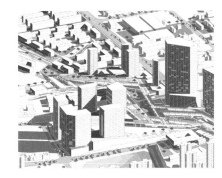

Urban planning is the precondition of construction and landscape construction of urban planning and design, as well as the space required for the preparation conditions, research progress of urban planning and design for the expand of architecture and landscape architecture provides an unprecedented broad heaven and earth. The job objective of the planner is the same as that of the architect and landscape architect. With the development of human society, the organic combination and collaborative creation of these three disciplines will inevitably push the construction of physical environment to a higher level.

龙门山镇乡村振兴综合提升规划

卢秋润　Lu Xiurun
思　亮　Si Liang
赵雅静　Zhao Yajing
徐思远　Xu Siyuan
刘宇航　Liu Yuhang

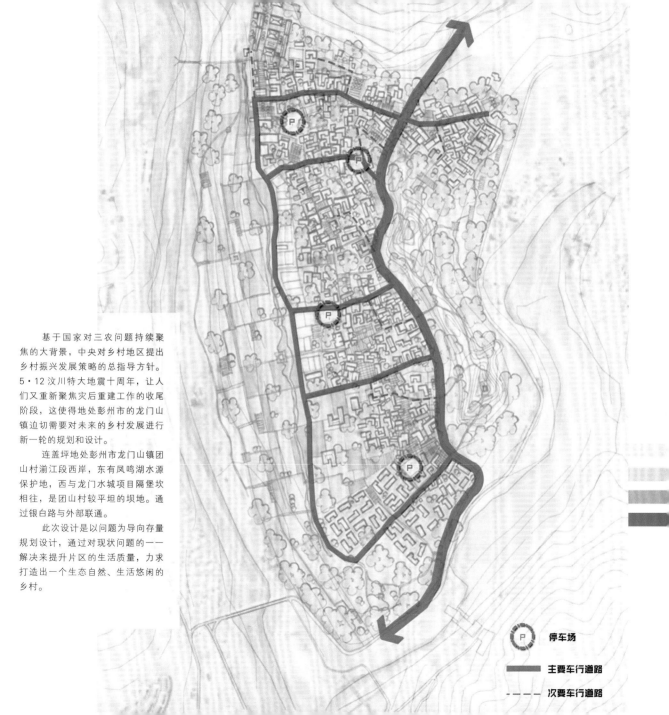

基于国家对三农问题持续聚焦的大背景，中央对乡村地区提出乡村振兴发展策略的总指导方针。5·12汶川特大地震十周年，让人们又重新聚焦灾后重建工作的收尾阶段，这使得地处彭州市的龙门山镇迫切需要对未来的乡村发展进行新一轮的规划和设计。

连盖坪地处彭州市龙门山镇团山村湔江段西岸，东有凤鸣湖水源保护地，西与龙门水城项目隔堡坎相往，是团山村较平坦的坝地。通过银白路与外部联通。

此次设计是以问题为导向存量规划设计，通过对现状问题的一一解决来提升片区的生活质量，力求打造出一个生态自然、生活悠闲的乡村。

P　停车场

　　主要车行道路

- - - - 次要车行道路

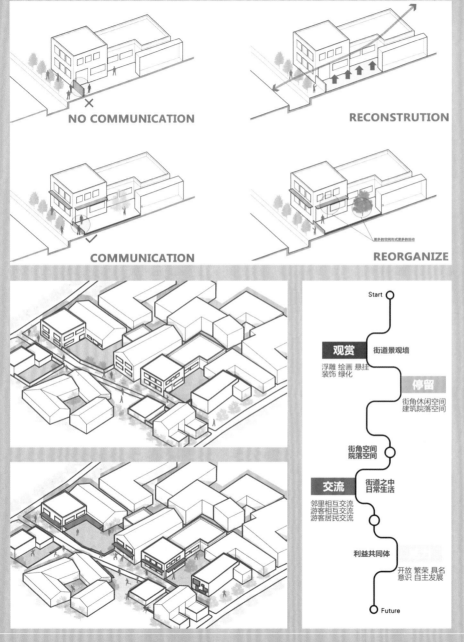

NO COMMUNICATION

RECONSTRUTION

COMMUNICATION

REORGANIZE

Start

观赏　街道景观墙
浮雕 绘画 悬挂
装饰 绿化

停留
街角休闲空间
建筑院落空间

街角空间
院落空间

交流　街道之中
日常生活
邻里相互交流
游客相互交流
游客居民交流

利益共同体

开放 繁荣 具名
意识 自主发展

Future

　　单纯的院落改造对于整个片区来说是乡村振兴的基础，在基础的院落改造之上进行街道的改造与提升才更实际。要形成有生气有活力的街道，除了要有良好的社区环境、熟悉的邻里以外，最重要的是为居民提供具有活力的公共空间。因此，我们将部分院墙拆除，来达到院落空间和街道空间相融合的目的，这为居民提供了更多的可能形式去和建筑、院落、街道发生关系。改造的中心点就是开放与交往。

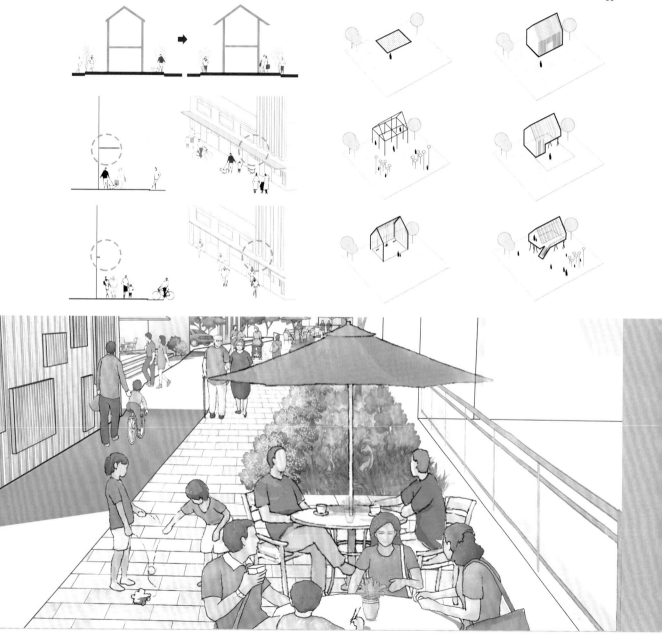

锈带的明日

黄泰安 Huang Tai'an

西安幸福林带老工业区，其本身是一处饱含工业历史，富有军工记忆的地块，但随着城市的发展，原本的工业厂房闲置，军工产业均已不复存在。其遗存下来的特色厂房及铁路线依然有着更新改造的必要，仍旧生活在此处的居民生活水平也应提高，故而我们的设计主要通过两条线三个层次设计，一条是在原有的基地基础上进行调研分析，对原有的空间进行不断的改造；另一条是依托于基地中所居住和工作的人，针对他们进行跟踪调研，通过马斯洛需求理论对居民生活进行需求设计。综合两者，并分修补城市、塑造城市和进化城市三步策略，得出既保留原有工厂特色，又完全对基地原有的弱势人群负责的规划概念："优哉·游哉"，通过引入适当的产业，打造城市居民互动绿核的方法，来重新振兴地块并使居民幸福，达到安居与乐业的目的。

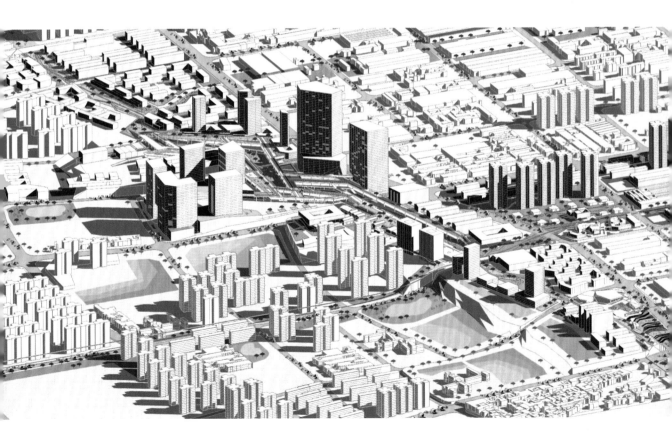

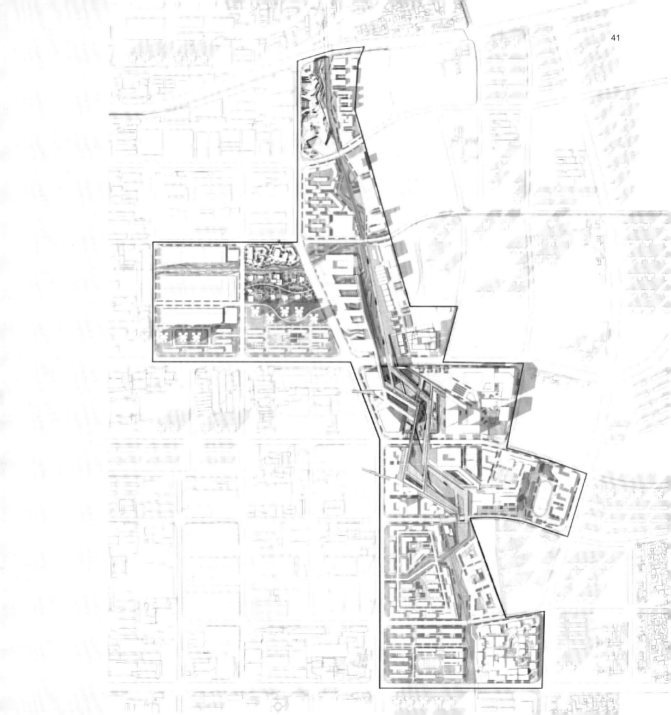

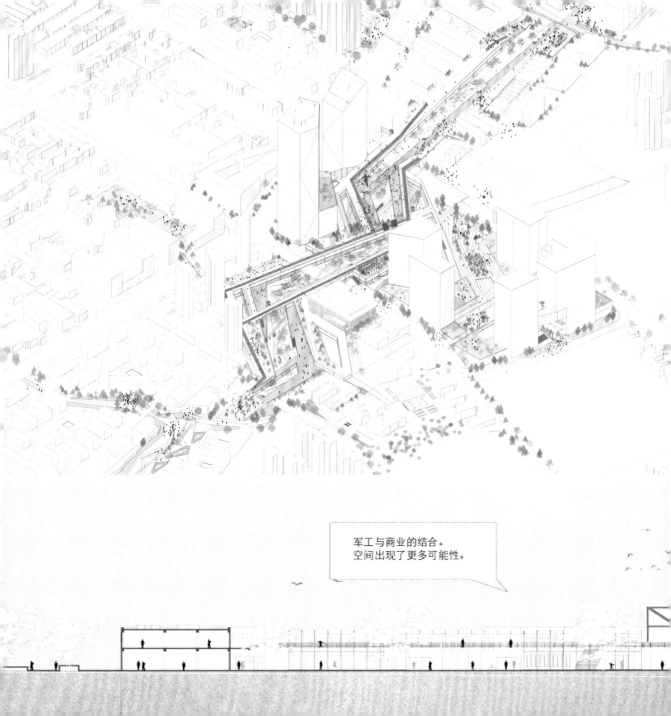

军工与商业的结合。
空间出现了更多可能性。

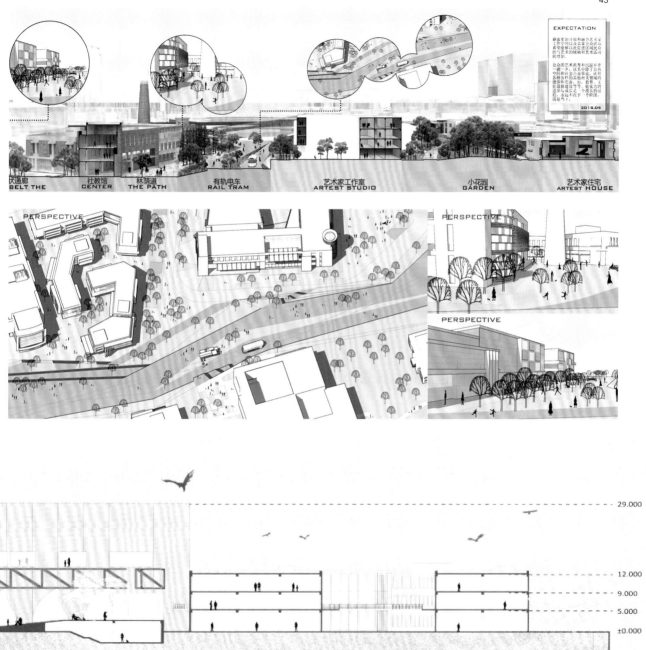

EXPECTATION

藏曲至加了放和融合艺术家工作室空间以及本公益活动希望缓解以武汉进区域民众的与艺术的视觉艺术活动的增加。

公众的艺术教育和加园亦非一齐，这风中等了公共空间和社会公益场地，还有各种各样的公益地块天领域的进步或环定前。教育，文化破绽建设等等，教育为的这步与成区是，一个漫长的过程，永远不在下一个阶段。简起是下。

2018.05

闭通廊
BELT THE

社教馆
CENTER

林荫道
THE PATH

有轨电车
RAIL TRAM

艺术家工作室
ARTEST STUDIO

小花园
GARDEN

艺术家住宅
ARTEST HOUSE

PERSPECTIVE

PERSPECTIVE

PERSPECTIVE

29.000

12.000

9.000

5.000

±0.000

岸线中段　　　　文创街区　　　　建筑红线

SITE

步行街

1.餐饮 旅馆
2.画廊
3.高层SOHO

2

3

SITE

SITE

200.00

115.00

CENTRAL PARK

PERGOLA

VIEWING DECK

LANDMARK

ENTRANCE RAMP

45.00

12.00

6.00

±0.00

-0.45

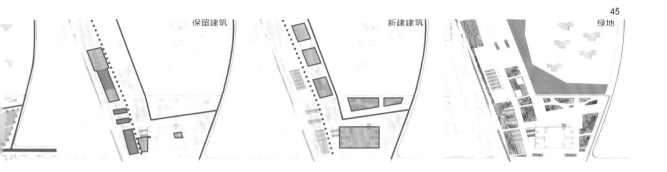

保留建筑　　　　　新建建筑　　　　　绿地

西安幸福林带联合毕业设计

蔡璐迪 Cai Ludi
王蕾蕾 Wang Leilei
汤　婧 Tang Jing
贺艳华 He Yanhua
张紫琪 Zhang Ziqi
赵天琦 Zhao Tianqi

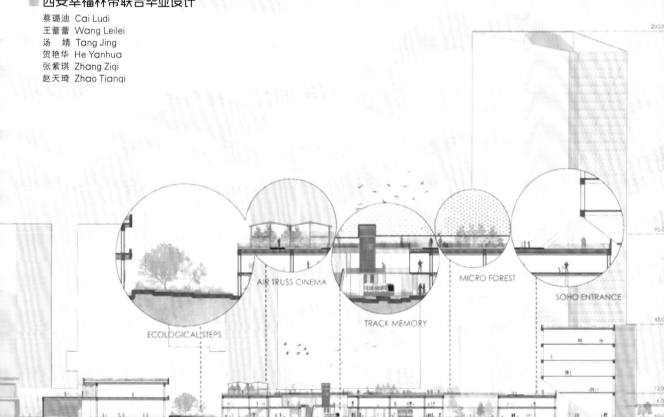

ECOLOGICAL STEPS

AIR TRUSS CINEMA

TRACK MEMORY

MICRO FOREST

SOHO ENTRANCE

曲径荷池

街里茶坊

艺术展廊

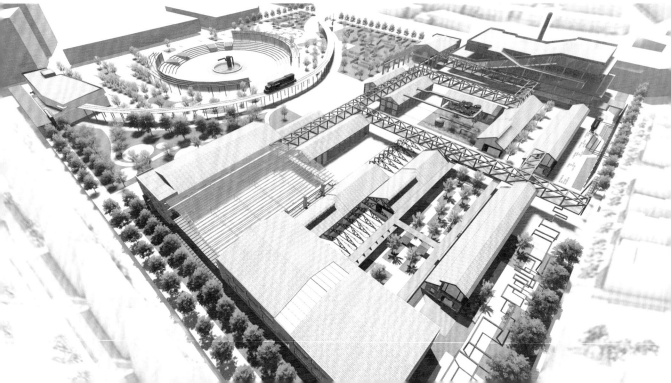

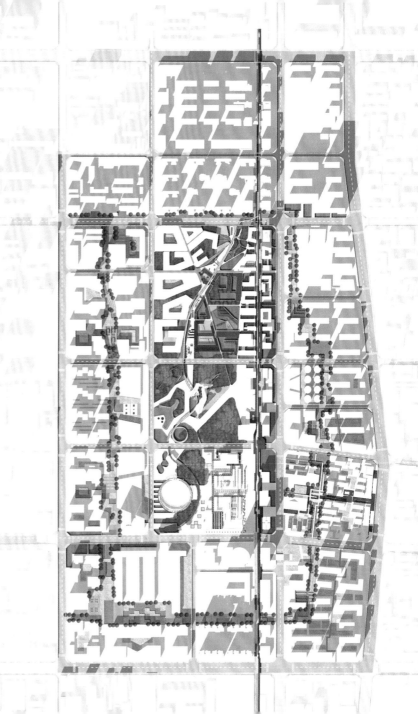

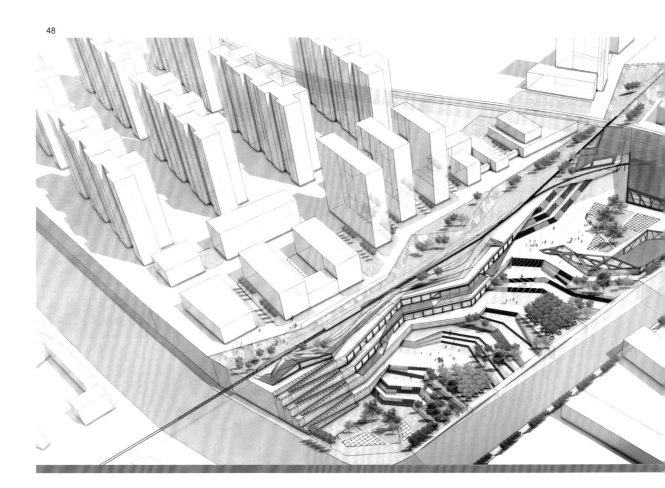

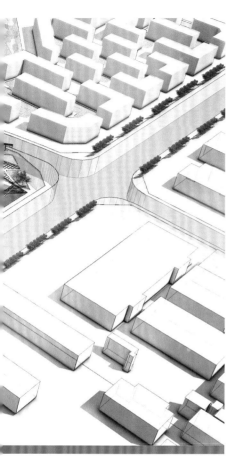

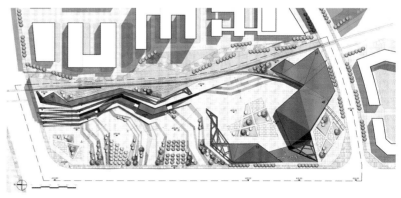

PUBLIC CULTURAL CENTER

成都犀浦站 TOD 一体化城市设计

梅映雪 Mei Yingxue
邓鸿嘉 Deng Hongjia
郑天琦 Zheng Tianqi
杨玉瑶 Yang Yuyao
马宝裕 Ma Baoyu

轨道交通建设

为加快建设全面体现新发展理念的城市，聚焦拓展城市空间、优化城市形态、提升城市品质，成都轨道地产集团有限公司以新一轮城市总体规划为纲领，着重按照建设和谐宜居生活城市和公园城市的要求，组织开展 TOD 项目一体化城市设计工作，希冀以先进的城市设计理念，为成都发展注入新思想、新活力，谱写"站城一体、生活枢纽、文化地标、艺术典范"的 TOD 新篇章，共同绘制轨道交通引领城市发展新蓝图。

公园城市建设

习近平总书记在四川视察时指出突出公园城市特点，把生态价值考虑进去，努力打造新的增长极，建设内陆开放经济高地。成都将聚焦高标准规划，加快建设美丽宜居公园城市，将通过优化城乡空间格局、重塑产业经济地理，努力塑造"开窗见田、推门见绿"的田园风光和大美公园城市形态。作为引领成都未来发展的全新城市规划理念，公园城市是以人民为中心、以生态文明引领城市发展的新范式，是山水林田湖城生命共同体，形成的全面体现新发展理念的城乡人居环境和人、城、境、业高度和谐统一的大美城市形态。

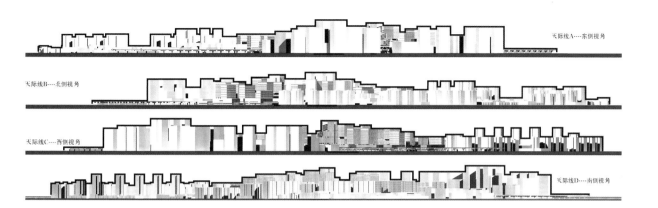

天际线A----东侧视角

天际线B----北侧视角

天际线C----西侧视角

天际线D----南侧视角

4.6 開發強度控制

□ 建筑密度控制：

轨道站点区域商务务集中，实行
高强度高层集中开发，密度较低。
南部、东部高端品质低层住宅、公
共建筑，密度较大。

强度開發 2

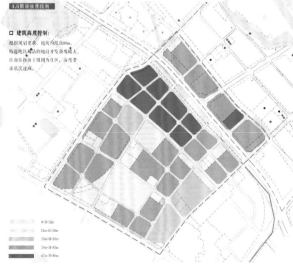

4.6 開發強度控制

□ 建筑高度控制：

根据现状规划要求，地块内限高80m，
临近地铁站点的地段开发强度难较大，
往南往西由主组团均为自区，高度要
求依次递减。

0<H<12m
12m<H<30m
30m<H<50m
50m<H<65m
65m<H<80m

01 城轨共同体的重构

成都犀浦站 TOD 一体化城市设计

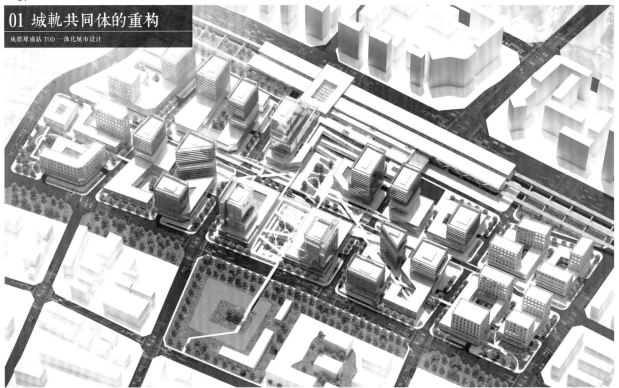

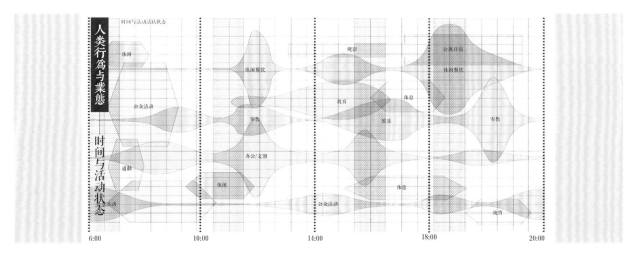

功能分區

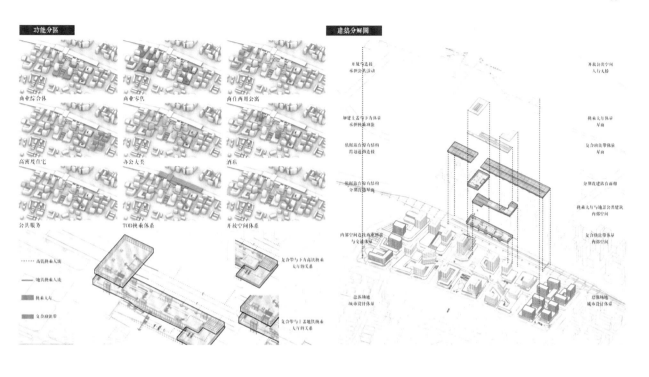

商業綜合體

商業零售

商住兩用公寓

高密度住宅

辦公大樓

酒店

公共服務

TOD換乘體系

開放空間體系

建築分解圖

具體空間策略

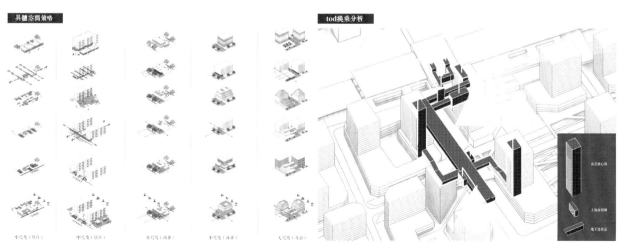

tod換乘分析

基于公共健康视角下
长沙市历史步道历史建筑保护和旧城更新

肖珍缘 Xiao Zhenyuan

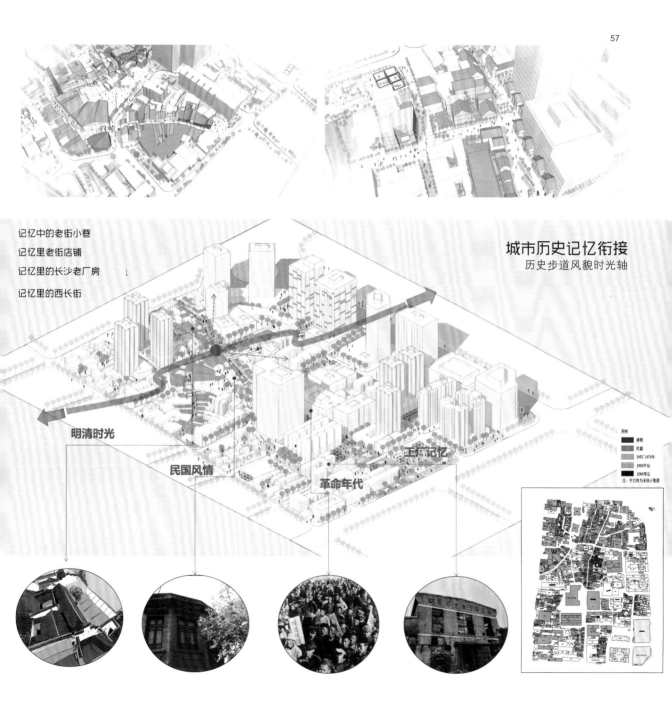

记忆中的老街小巷
记忆里老街店铺
记忆里的长沙老厂房
记忆里的西长街

城市历史记忆衔接
历史步道风貌时光轴

明清时光

民国风情

革命年代

工厂记忆

"织"梦鹿溪，休闲绿岛 —— 方案简介

梅映雪 Mei Yingxue
邓鸿嘉 Deng Hongjia
郑天琦 Zheng Tianqi
杨玉瑶 Yang Yuyao
马宝裕 Ma Baoyu

规划片区位于成都天府新区鹿溪智谷上游段刘家坝村区域内，占地154.4公顷。西侧紧邻成自泸高速，北侧靠近在建机场高速，鹿溪河自西南至东北穿基地而过，河道自然弯曲。本设计方案主要从目标导向和问题导向以及需求导向出发，结合相关上位规划以及地区政策，认为地块最主要的目标是寻得"交织"点，将现状中存在的不足转化为未来发展的机遇，实现生态—生产—生活三者的交织。本方案特色在于创造了新的河道并对形成的半岛进行了重点设计，包括多功能植入、公共空间体系设计、景观生态修复等，满足其整体上"以田园旅游为核心的休闲绿岛"这一功能定位。

此外，对展览区、社区活动中心进行了重点建筑打造，并挑选了三处景观节点进行详细设计，最终形成鹿溪河科技旅游带上的旅游节点，实现对周边旅游点的承接以及商务办公区的服务功能。

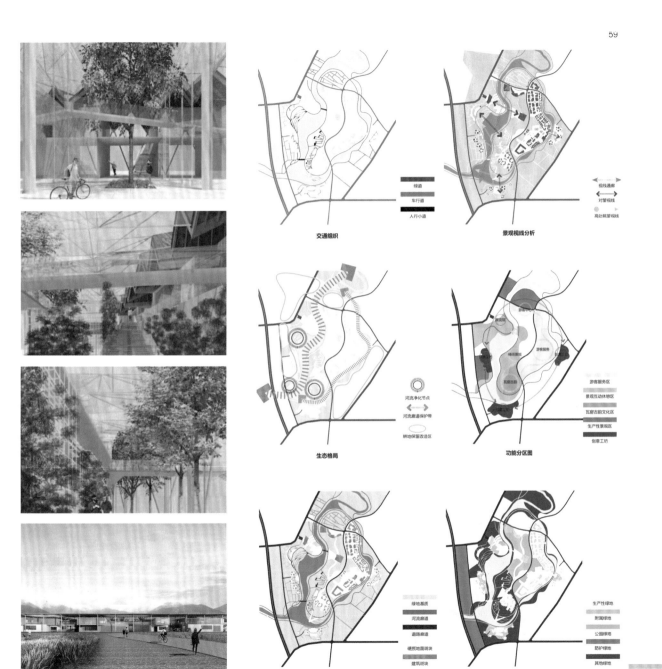

交通组织

景观视线分析

视线通廊
对望视线
高处眺望视线

绿道
车行道
人行小道

生态格局

功能分区图

河流净化节点
河流廊道保护带
耕地保留改造区

游客服务区
景观互动体验区
瓦窑古韵文化区
生产性景观区
创意工坊

绿地基质
河流廊道
道路廊道
硬质地围斑块
建筑斑块

生产性绿地
附属绿地
公园绿地
防护绿地
其他绿地

景观节点 1 总平面图

1 滨水活动区

2 音乐喷泉

3 亲水互动池

4 亲水观景木平台

5 树阵休憩广场

6 室外种植展示墙

7 生产性景观

8 绿道驿站

9 0~5 岁幼童活动区

10 5~7 岁亲子种植体验互动区

11 8~12 岁儿童活动区

12 农田生产互动体验区

13 观景木平台

14 消落带阶梯湿地景观

15 展览馆

风景园林 Landscape Architecture

风景园林是规划、设计、保护、建设和管理户外自然与人工境域的学科。其核心内容是户外空间营造，根本使命是协调人和自然之间的关系。空间与形态营造理论、景观生态理论和风景园林学美学理论是风景园林学三大基础理论。

风景园林学是人居环境科学的三大支柱之一，其特点是综合性非常强，涉及规划设计、园林植物、工程学、环境生态、文化艺术、地学、社会学等多学科的交汇综合，担负着自然环境和人工环境建设与发展、提高人类生活质量、传承和弘扬中华民族优秀传统文化的重任。

Landscape architecture is one of the three pillars of human settlement environment science, its characteristic is very strong comprehensive, involving the planning and design, garden plants, engineering, environmental ecology, culture, art, geography, sociology and so on comprehensive multidisciplinary intersection, for the construction and development of natural and artificial environment, improve the quality of human life, inheritance and carry forward the excellent traditional culture of the Chinese nation.

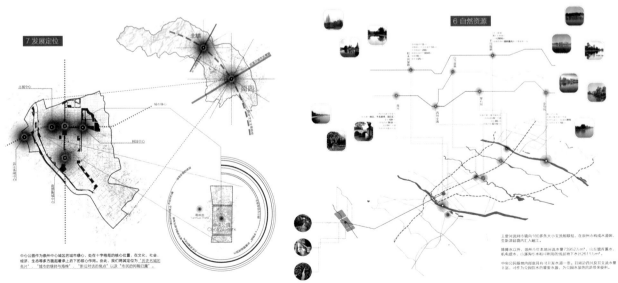

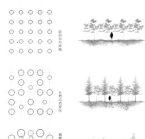

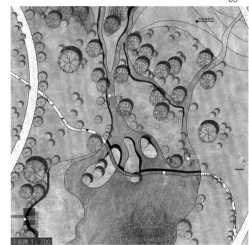

平面图 1：700

崇州 NILIFE

王昊昱 Wang Haoyu
阚美璇 Kan Meixuan

在蓬勃发展的崇州市中，中央公园无疑是要以人的使用作为主要设计目的的。而名画《清明上河图》给了这次设计的最初灵感：在这幅画中，人们可以感受到汴京从热闹的城内街市到宁静的郊区的生活气息和人物百态。市民熙来攘往，各种店铺林立，中段有运送东南的粮米财货的漕船紧张而忙碌地运货。

这幅充满着现实主义和全景式构图的名画影响了此次的崇州中心公园的设计。作为中心公园，它无疑是要适应周边忙碌的生活，但同时可以给人们一片宁静港湾的。

景观旅游资源组团

崇州旅游资源组团

海拔高度

西环位置及热闹

都市地位置及外围

山脊线

○街子古镇：　　　　　　　　　　　　　　　　　　　　　○元通古镇：

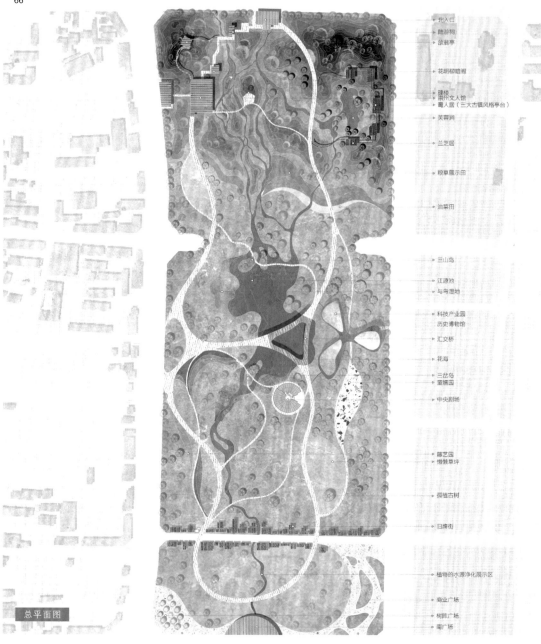

北入口
陆游祠
放翁亭

花明柳暗阁

陵格
崇州文人馆
蜀人居（三大古镇风格亭台）

芙蓉涧

兰芝居

粮草展示田

油菜田

三山岛
江源池
与鸟湿地

科技产业园
历史博物馆
汇交桥

花海

三岔岛
童嬉园
中央剧场

藤艺园
懒懒草坪

抱墙古树

旧牌街

植物的水源净化展示区

商业广场
树阵广场
嗜广场

N

总平面图

part3：公园微地形区——安静的世外桃源　　　　part2：公园中心区——新旧连接、闹动连接　　　　part1：城市商业区

将清明上河图的动静氛围和微缩崇州相结合，在原场地上分成三部分，打造出mini崇州中中公园，在这片公园上，
市民们不仅可以进行商业等活动，也可以享受到山水和城市结合的独特韵味。
现代都市中，古典与科技的交融，将在崇州绽放出新的光芒。作为古蜀文化的代表，崇州中中公园将会在本书引领
着这片地区，为慕名而来的人们带来历史的暴延和未来的奇幻创造。
与此同时，新的科技和新的文化更将在这片公园上方绽放出独特的光芒。

part3：·崇州高山区、水源带　　　　part2：崇州商业城区、历史城区、古镇区　　　　part1：打造新的崇州开发区

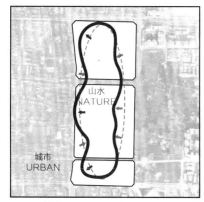

城市背景下崇州自然山水为底
相互渗透形成环路

盘绕逐鹿串联节点
昱中心景观桥共同构成景观曲径

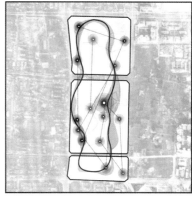

活动景观带形成
串联公园节点

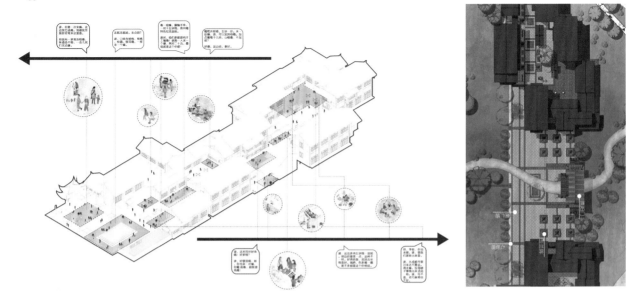

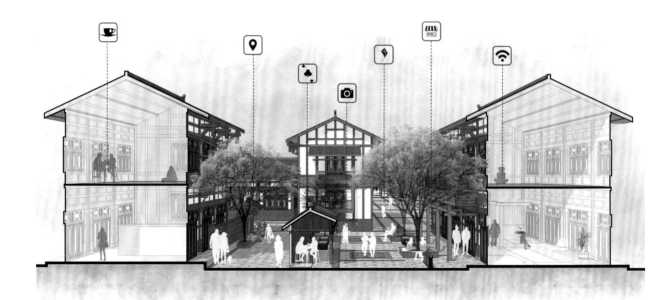

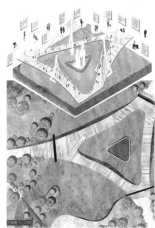

崇州市中心公园景观规划设计

王　晟　Wang Cheng
钱礼安　Qian Li'an

A-A剖面图 1: 1200

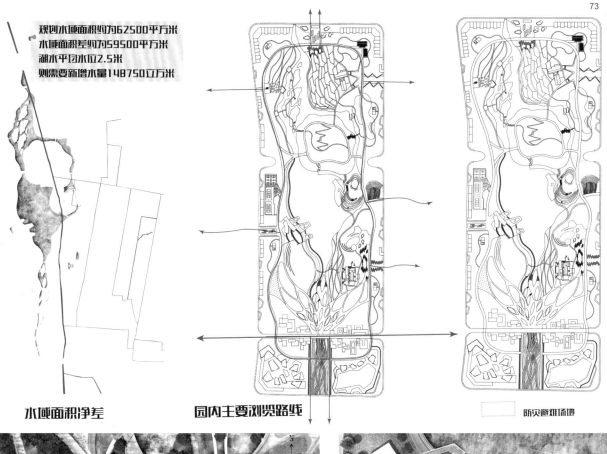

规划水域面积约为62500平方米
水域面积净差约为59500平方米
湖水平均水位2.5米
则需要新增水量148750立方米

水域面积净差　　　　　　园内主要浏览路线　　　　　　防灾避难场地

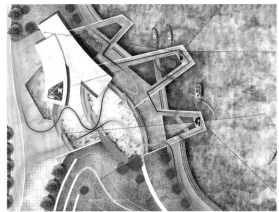

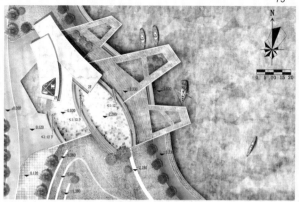

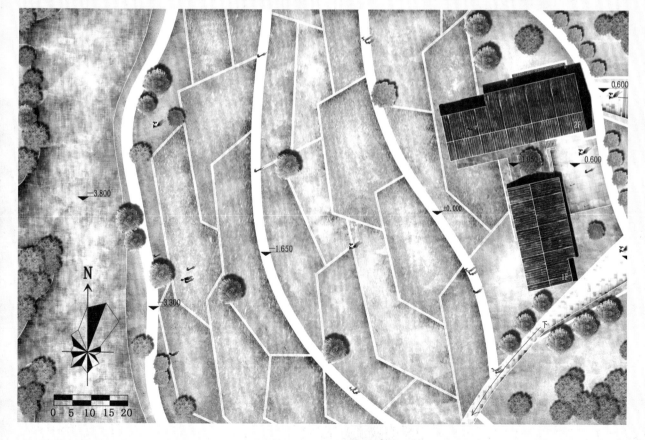

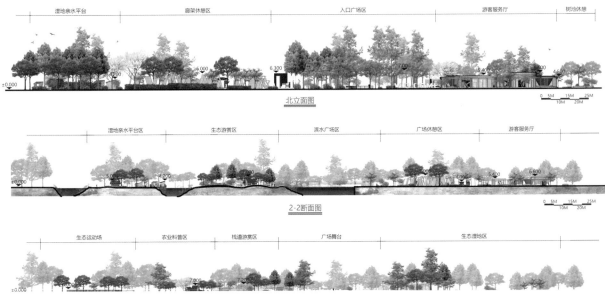

| 湿地亲水平台 | 廊架休憩区 | 入口广场区 | 游客服务厅 | 树池休憩 |

北立面图

0 5M 15M 25M
10M 20M

| 湿地亲水平台区 | 生态游赏区 | 滨水广场区 | 广场休憩区 | 游客服务厅 |

2-2断面图

0 5M 15M 25M
10M 20M

| 生态运动场 | 农业科普区 | 栈道游赏区 | 广场舞台 | 生态湿地区 |

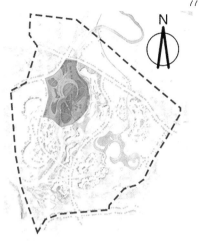

功能分析

入口空间
中心广场
休憩社交
健身运动
自然游赏
科普教育
湿地亲水
儿童活动

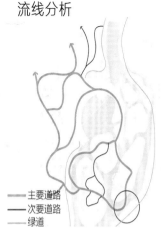

流线分析

—— 主要道路
—— 次要道路
—— 绿道

成都天府新区鹿溪河智谷兴隆片区概念规划设计

郭贞妮 Guo Zhenni
彭慧 Peng Hui

设计上：弧月广场、玻璃圆桥、亲水平台与滨河步道使人们可以近距离赏水观水；中心剧场和活动广场为人们提供大型聚会娱乐场所，其间也加入音乐喷泉、条形座椅、圆形树池等设计丰富剧场娱乐感受；花海、花带的设计丰富景观层次，引入小径、木质栈道等形式，扩展人们的观景感受；健身广场为人们提供健身、运动场所，完善社区公园的服务功能；社区市集作为社区公园内的特色设计，为人们提供物品交易场所，也同时提供社交活动的机会；儿童活动区以彩色橡胶带为基底，加入云朵蹦床、攀爬构架、沙地等设计，为孩子提供完善欢乐的活动场所。

定位上：此景观节点主要功能定位服务于社区组团和产业区，为其间生活的人们提供活动、交流、休闲、娱乐场所。

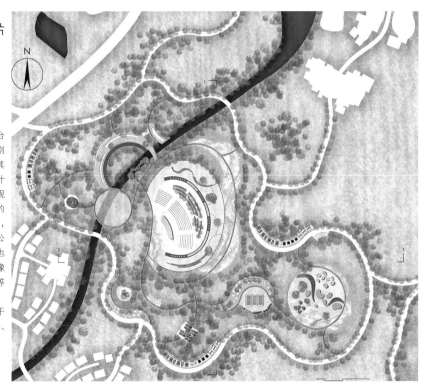

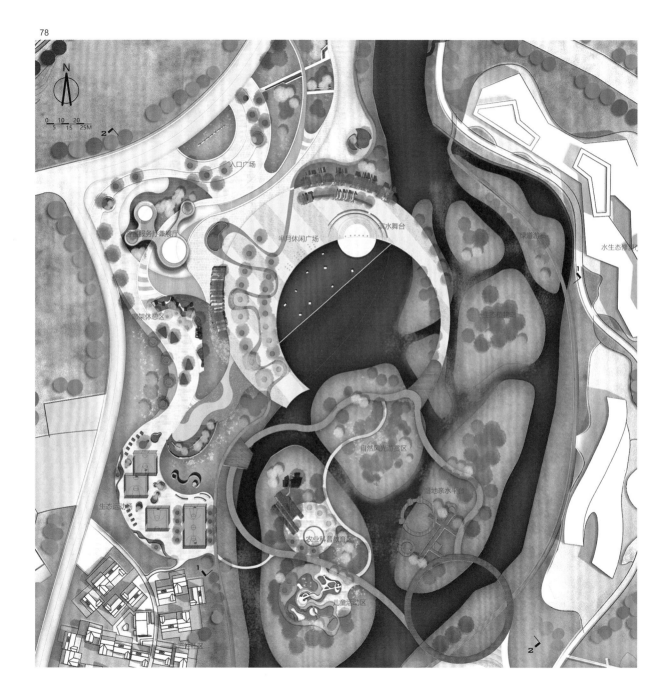

入口广场

综合服务厅兼餐厅

半月休闲广场

亲水舞台

绿道游步

水生态修复

绿架休憩区

生态植物区

自然风光游览区

湿地亲水平台

生态运动场

农业科普教育区

儿童活动区

农业科普教育人视图

生态运动场鸟瞰图

农业科普教育人视图

设计说明:
　　入口的半月广场为人们提供了活动集散空间，视觉中心的滨水区展现了场地的形象，其间也加入音乐旱喷广场、树池结合廊架带等设计丰富广场娱乐感受；花海、花带的设计丰富景观层次，扩展人们的观景感受。

　　生态岛部分，利用小岛的形式，将河道变得更加蜿蜒，增加了河水与沿岸净化植物的接触，增加了沿河的异质生境，生态多样性得到保障，生态系统更加稳定。

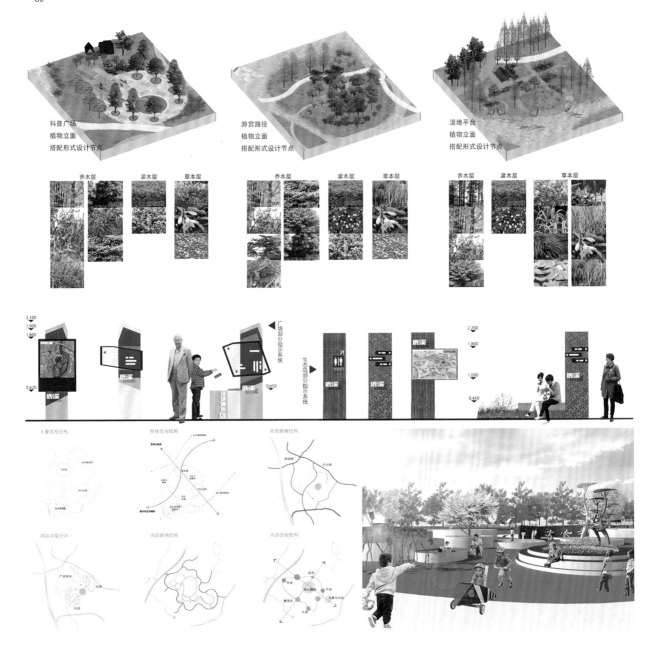

科普广场
植物立面
搭配形式设计节点

游赏路径
植物立面
搭配形式设计节点

湿地平台
植物立面
搭配形式设计节点

乔木层　灌木层　草本层

乔木层　灌木层　草本层

乔木层　灌木层　草本层

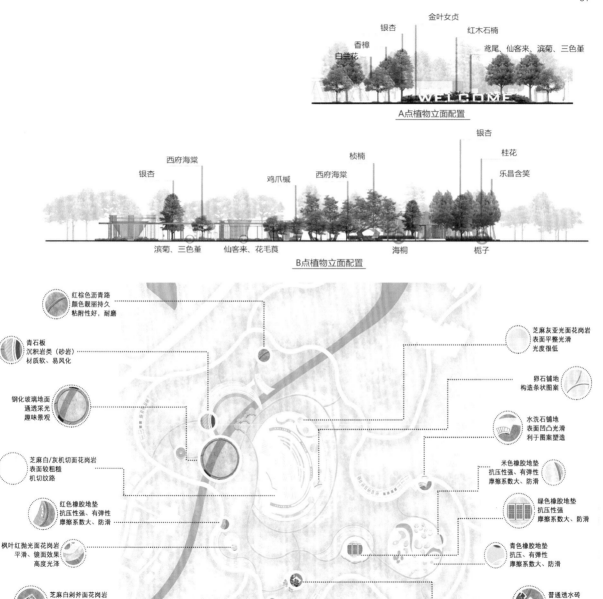

白兰花
香樟
银杏
金叶女贞
红木石楠
鸢尾、仙客来、滨菊、三色堇

WELCOME

A点植物立面配置

银杏
西府海棠
鸡爪槭
西府海棠
桢楠
银杏
桂花
乐昌含笑

滨菊、三色堇　　仙客来、花毛茛　　海桐　　栀子

B点植物立面配置

红棕色沥青路
颜色靓丽持久
粘附性好，耐磨

青石板
沉积岩类（砂岩）
材质软、易风化

钢化玻璃地面
通透采光
趣味景观

芝麻白/灰机切面花岗岩
表面较粗糙
机切纹路

红色橡胶地垫
抗压性强、有弹性
摩擦系数大、防滑

枫叶红抛光面花岗岩
平滑、镜面效果
高度光泽

芝麻白剁斧面花岗岩
密集条状纹理
较粗糙

芝麻灰亚光面花岗岩
表面平整光滑
光度很低

卵石铺地
构造条状图案

水洗石铺地
表面凹凸光滑
利于图案塑造

米色橡胶地垫
抗压性强、有弹性
摩擦系数大、防滑

绿色橡胶地垫
抗压性强
摩擦系数大、防滑

青色橡胶地垫
抗压、有弹性
摩擦系数大、防滑

普通透水砖
渗透雨水
保护环境

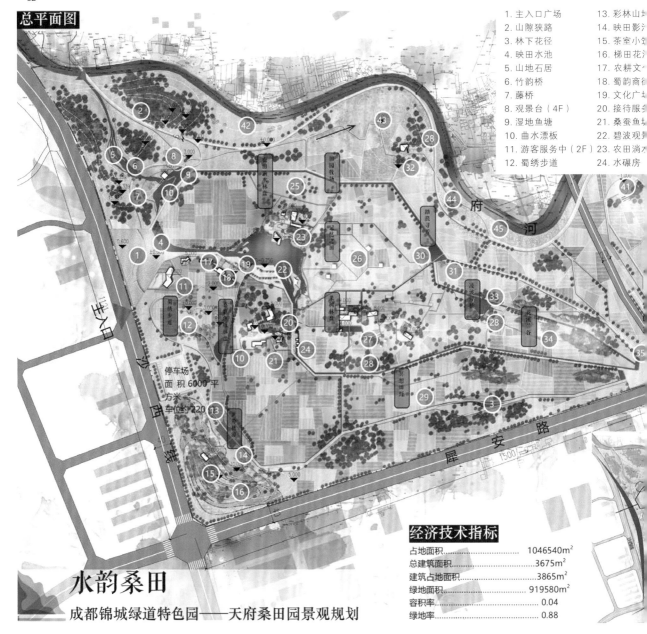

总平面图

1. 主入口广场
2. 山隙狭路
3. 林下花径
4. 映田水池
5. 山地石居
6. 竹韵桥
7. 藤桥
8. 观景台（4F）
9. 湿地鱼塘
10. 曲水漂板
11. 游客服务中（2F）
12. 蜀韵步道

13. 彩林山地
14. 映田影视
15. 茶室小饮
16. 梯田花海
17. 农耕文
18. 蜀韵商街
19. 文化广场
20. 接待服务
21. 桑蚕鱼塘
22. 碧波观景
23. 农田消水
24. 水碾房

停车场
面积6000平
方米
车位约220

水韵桑田

成都锦城绿道特色园——天府桑田园景观规划

经济技术指标

占地面积	1046540m²
总建筑面积	3675m²
建筑占地面积	3865m²
绿地面积	919580m²
容积率	0.04
绿地率	0.88

成都锦城绿道特色园——天府桑田园景观规划

赵奕楠 Zhao Yinan   习羽 Xi Yu

在本方案中，我们首先将基地的文化核心定位为以天府之国意象为代表的成都农耕文化。具体而言，是通过情景再现展示天府之国的美丽景象，同时在游线演变中讲述这景象背后数代蜀地居民的智慧和汗水，帮助人们更加了解和贴近天府之国的辉煌，引起人们的文化认同感，并学习与自然相处的智慧；在建立景观的过程中，林盘重整、河流廊道重建等手段使得景观格局被完善，生态系统更加稳固；与此同时，农田、果树、鱼塘等农耕文化元素等本身自有经济效益，同时其所具备的特色的景观与人文活动又能吸引游客产生旅游消费，两者一起实现经济创收；最终，传承推动了更好的发展，发展又反过来带动传承，两者形成良性循环。

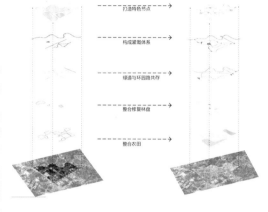

打造特色节点 →

构成灌溉体系 →

绿道与环园路共存 →

整合修复林盘 →

整合农田 →

景观结构

一轴：锦城绿道
二环：主园路
三心：三大功能区

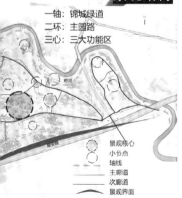

景观核心
小节点
轴线
主廊道
次廊道
景观界面

夏	商	周	秦	唐 宋	明清

布局特色

山野林地 小水散布   水流出山 自然湿地   大河伴田 形态初整   两渠跨路 鱼塘缀田   两水绕景 池塘戏水   水网密布 花随水排   林盘丰富

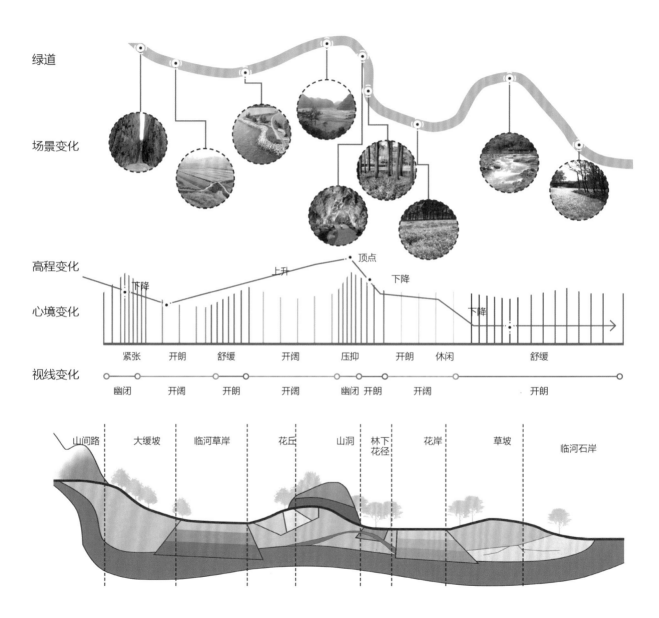

绿道

场景变化

高程变化

心境变化

下降　上升　顶点　下降

下降

紧张　开朗　舒缓　开阔　压抑　开朗　休闲　舒缓

视线变化

幽闭　开阔　开朗　开阔　幽闭　开朗　开阔　开朗

山间路　大缓坡　临河草岸　花丘　山洞　林下花径　花岸　草坡　临河石岸

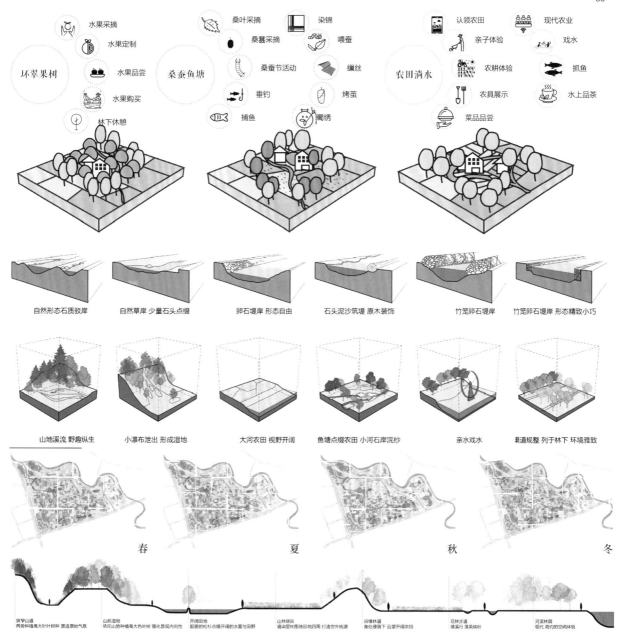

环翠果树
水果采摘
水果定制
水果品尝
水果购买
林下休憩

桑蚕鱼塘
桑叶采摘
桑葚采摘
桑蚕节活动
垂钓
捕鱼
染锦
喂蚕
缫丝
烤茧
阖绣

农田涵水
认领农田
亲子体验
农耕体验
农具展示
菜品尝
现代农业
戏水
抓鱼
水上品茶

自然形态石质驳岸　自然草岸 少量石头点缀　卵石堤岸 形态自由　石头泥沙筑堤 原木装饰　竹笼卵石堤岸 形态精致小巧　竹笼卵石堤岸 形态精致小巧

山地溪流 野趣纵生　小瀑布泄出 形成湿地　大河农田 视野开阔　鱼塘点缀农田 小河石岸浣纱　亲水戏水　暴道规整 列于林下 环境雅致

春　　夏　　秋　　冬

狭窄山道
两旁种植高大针叶树种 营造原始气氛

山前湿地
依托山势种植高大色叶树 强化景观内向性

开阔田地
挺拔的松杉点缀开阔的水面与田野

山林塘田
通过层林围绕田地四周 打造世外桃源

田埂林道
身处绿荫下 远望开阔农田

花林步道
缘溪行 落英缤纷

河滨林荫
现代 简约的空间体验

环境设计 Environment Design

环境设计 (environment design) 是一门复杂的交叉学科，涉及的学科包括建筑学、城市规划学、景观设计学、人类工程学、环境心理学、设计美学、社会学、史学、考古学、宗教学、环境生态学、环境行为学等。

环境设计是指对于建筑室内外的空间环境，通过艺术设计的方式进行设计和整合的一门实用艺术。环境设计通过一定的组织、围合手段、对空间界面 (室内外墙柱面、地面、顶棚、门窗等) 进行艺术处理 (形态、色彩、质地等)，运用自然光、人工照明、家具、饰物的布置、造型等设计语言，以及植物花卉、水体、小品、雕塑等的配置，使建筑物的室内外空间环境体现出特定的氛围和一定的风格，来满足人们的功能使用及视觉审美上的需要。

Environment Design

环
境
设
计

Environmental design refers to the practical art of designing and integrating the indoor and outdoor space environment through artistic design. Surrounded by a certain organization, environment design method, the spatial interface (indoor wall cylinders, ground, ceiling, doors and Windows, etc.) for art processing (shape, color, texture, etc.), use of natural light and artificial lighting, furniture and decorations of the layout, design language, such as shape and plant flowers, water, and sketch, the configuration such as sculpture, the building indoor and outdoor space environment reflects the specific atmosphere and style, to meet the use of the function of the people and the needs of the visual aesthetic.

东篱中餐厅
He Yanran 何嫣然

东篱中餐厅
DongLi Chinese Restaurant

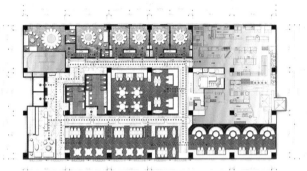

　　中国传统元素符号是东方文化的瑰丽之宝，具有难以替代的艺术形式的表达。如何在元素的型和内涵方面赋予现代人的审美需求，将传统造型艺术融入餐厅设计中去，使餐厅的设计变得更丰富是一个研究的课题。

　　在东篱中餐厅中将中国传统苏式文人园林在有限的空间中完美地融入中国传统造园理念、空间构建方式，高度概括了自然之美，营造出了具有恬静、适宜、如诗如画般气韵风度的抽象自然。传统苏式园林历经百年锤炼，苏式园林的温文尔雅、天人合一的东方气质，能让人感受到古代文人"采菊东篱"醉心田园的空间语境。

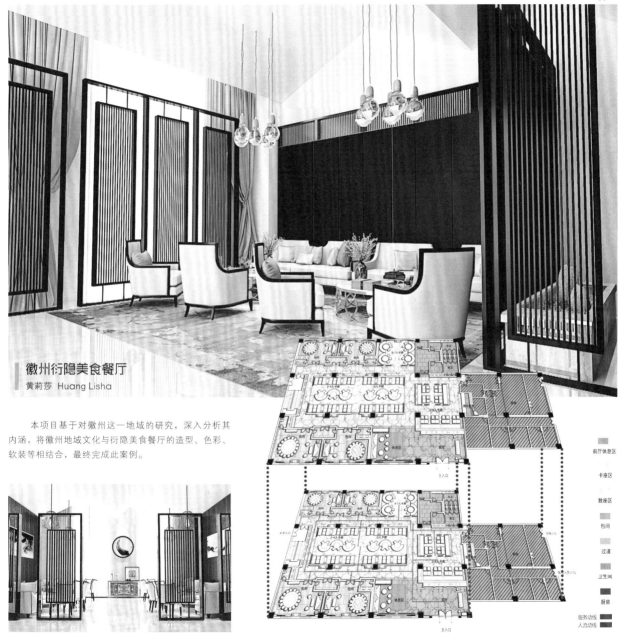

徽州衍隐美食餐厅

黄莉莎 Huang Lisha

本项目基于对徽州这一地域的研究，深入分析其内涵，将徽州地域文化与衍隐美食餐厅的造型、色彩、软装等相结合，最终完成此案例。

前厅休息区

卡座区

散座区

包间

过道

卫生间

厨房

服务动线
人流功线

"H" 城市餐厅

陈欣　Chen Xin

以创新型中餐为主，用现代城市文化的理性、精致、优雅和时尚为设计理念，设计代表当代时尚文化的餐厅。

呈现中国当代最新的城市文化，以爱马仕最新设计作品为设计元素，对餐厅进行"再设计"，为顾客创造一种更舒适的餐饮服务。

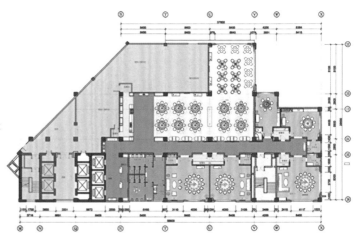

本项目拟定于中国经济最为发达的城市之———上海，位于繁华的南京东路。南京东路是上海开埠后建立最早的商业街之一，沿外滩多为外国建筑群，整体氛围体现出一种时代感和摩登感。它的四周多为步行街，且靠近外滩景区人流量极大。

从地域文化出发，能够在整个餐厅设计中融入上海海派文化的精髓。以"继承与创新"为出发点打造出一家既有现代摩登感，同时又很好地继承中国传统风格——新中式风格的餐厅。餐厅整体设计风格是融入欧美国家摩登时尚的新中式风格，既能在餐厅中看到新中式的元素，同时又能看到欧美时尚的影子。

锦·羽餐饮空间主要是根据其当地文化——海派文化的精神以及当地社会状况提取设计元素。海派文化的核心特点我认为是它的开放性以及包容性，正如同现今的上海市，它作为国内经济中心，吸引大量人才涌入，同时作为一个大城市，怀有包容的态度容纳人才，给沪漂一族带来更多的安全感。本案例元素提取来自于上海崇明岛的候鸟，从候鸟身上提取其尾部羽毛作为本案例元素，进行重构利用。每当到了一定季节，崇明岛便会是候鸟迁移路上一个重要的驿站和栖息地。在上海这个大城市，和候鸟的来来去去迁移，无论是短暂的停留还是长久的滞留安家，都像极了上海这个国际化的大都市。

锦·羽 餐饮空间
Fan Yiting 范依婷

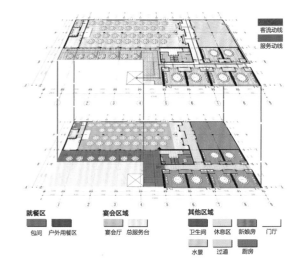

"泉水郦湾"民俗餐厅

欧林杰 Ou Linjie

本项目构想在四川绵阳开设一家独具当地特色的民俗餐厅，包括特色中餐、季节性特色餐以及当地的生态农产品为主营项目的餐厅。在空间设计方面融入本课题所研究的民俗文化符号，意图把一家当地的餐饮与当地的民俗特色文化融合在一起，打造当地独具民俗特色的中高端餐厅。

客流动线
服务动线

就餐区
包间　户外用餐区

宴会区域
宴会厅　总服务台

其他区域
卫生间　休息区　新娘房　门厅
水景　过道　厨房

张星
Zhang Xing

"不念"蜀都特色餐厅

念念蜀都，不念蜀味。不念，念念不忘必有回响。不念的家乡山水，不念的是故土乡愁，不念的是妈妈的味。不浮华，不狂躁，用赤心做一碗了却乡愁的菜。

随着城市的高速发展，人们在繁华的都市繁忙着，偶尔停下脚步，放慢速度，感受生活。"不念"餐厅，让人们在热闹繁华的城市中也能感受到放松感。

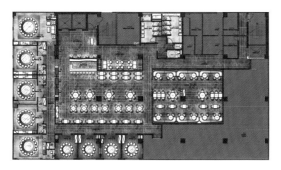

普陀山"又见"民宿

Lin Xueqing 林雪晴

普陀山"又见"民宿定位为观音文化主题民宿，设计中结合了禅意风格与现代简约风格，将古朴的普陀山传统观音文化融入简洁内敛的现代生活气氛中。

民宿选址于浙江舟山普陀山，远离喧闹的城市，沉浸在静谧的山水之中，感受观音文化的的魅力。元素提取于观音与自然，尽力表现空间的禅意、舒适之感。普陀山有深厚的观音文化，它讲究一种意境，超然脱俗。走进房间，就是走进了另外一种生活状态，时间都将缓慢下来，人可以停止思考，一心沉浸在自己的世界里。

"玖栖"民宿

张永心 Zhang Yongxin

玖栖特色民宿是以"竹"为文化载体，以吃住玩为特色，把养身养心与周末度假结合在一起，体现"乡愁"核心内涵。

定调：以农作、农事、农活为生活内容，回归自然、享受生命、修身养性、度假休闲。

该项目需要尊重当地文化以及仍住在附近的当地村民，整体规划和景观设计融入原村庄建筑中。该项目对原建筑进行改造，以适应再生环境和当代生活。

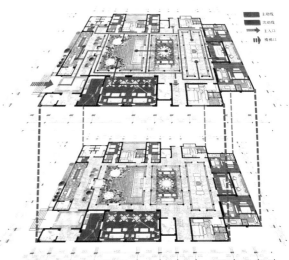

"景行"城市商务酒店

Guo Xueting 郭雪婷

景行商务酒店是一座集休闲、餐饮、娱乐、会议为一体的五星级商务酒店，地处一线城市广州的天河区。天河区是广州未来的城市中心和商务中心，酒店内设大堂、大堂吧、电梯间、商务中等。本案例是对酒店的几个公共区域和一个大床房进行设计，所规划设计面积约为 1600 平方米，使用公共区域包括大堂、大堂吧、休息区、电梯厅、公共卫生、商务空间和客房，一切设计遵循万豪酒店管理集团的五星级酒店设计标准。

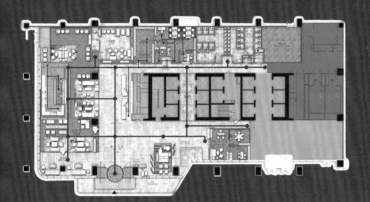

"苏御"文化主题酒店

Liu Yanlin　刘艳琳

仁者乐山，智者乐水。闲人雅士都渴望能隐居山林，借助周围环境忘却世事，留连于桃源世外，江南一带更是他们乐于寄情山水，直抒胸臆的地方。古往今来，丰富的诗词也让江南的韵味深入人心，吴文化也演变为中华文明的重要组成部分。吴地文化的区域包括苏南浙北的环太湖流域，苏南是吴文化的发源地与核心区域。本案例的酒店也位于苏南地区，名为苏御文化主题酒店，意在通过酒店的内部设计让人们能抛开城市的喧嚣，"隐"于这江南画卷中，感受具有地域特色的吴地文化，同时也能更好地展现苏州古城的文化底蕴和人文情怀。

广州逸泉温泉假日度假酒店

李建诗 Li Jianshi

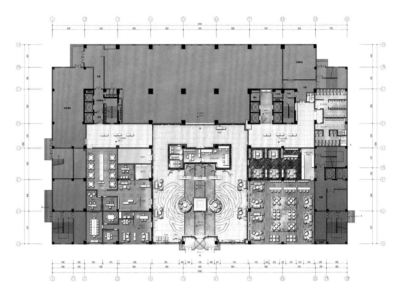

岭南文化，源远流长，在中华名族文化的发展史上居于重要地位，起着重要作用。近代岭南文化更是近代中国的一种先进文化，对近代中国产生了巨大的影响。改革开放以来，岭南文化以其独有的多元、务实、开放、兼容、创新等特点，采中原之精粹，纳四海之新风，融汇升华，自成宗系，在中华大文化之林独树一帜，对岭南地区乃至全国的经济、社会发展起着积极的推动作用。本次酒店空间设计的主题是温泉度假酒店，借温泉的旅游资源来弘扬岭南文化，酒店名字为逸泉，意为在如今一个喧闹的城市里寻找内心的一片宁静安逸，享受温泉景色，感悟人生。

大梅沙海琴湾度假酒店

郑晓敏 Zhen Xiaomin

　　本案酒店空间室内设计手法强调简约、休闲属性，通过石材、玻璃肌理混合运用，并以金属质感点缀，为酒店赋予了现代精致而时尚休闲的氛围。大堂服务台的背景墙由玻璃和不锈钢金属组成，以三角形为元素构成，加上灯光的照射，犹如粼粼波光闪动的水面，犹如扬帆在海上，像帆船赛手一样劈波斩浪，乘风破浪，熠熠生辉。用海浪的形态配以金属细条的质感，营造出在灿烂阳光与广阔大海的包围下，空间的通透感与舒适氛围。

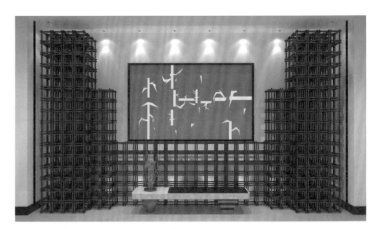

"寻一味" 茶室设计

包昕 Bao Xin

寻度——主题餐厅室内设计

朱霞 Zhu Xia

目的是以游戏"纪念碑谷"为主题设计一个餐厅方案，能够成功地运用游戏中典型的元素，通过造型以及色彩的合理搭配，完成一个审美水平较高的餐厅设计；该毕设的意义在于通过设计展现本人的创意以及对主题餐厅含义的理解，从而提升本人的创造能力。

阳朔予舍漓想国民宿空间室内设计

黄伟华 Huang Weihua

本案的设计是以休闲度假、观光旅游为主题的度假民宿。民宿在设计理念上追求自然、绿色与环保、建筑与环境融合的设计理念，完美融合了当地特色地域文化与北欧设计风格。阳朔予舍漓想国精品民宿 有着"融于环境、突出环境"的设计理念及其建筑设计、室内设计和园林设计三者浑然一体的设计风格。整体民宿的空间以悠闲、轻松为特色，民宿室内设计既自然又简单。

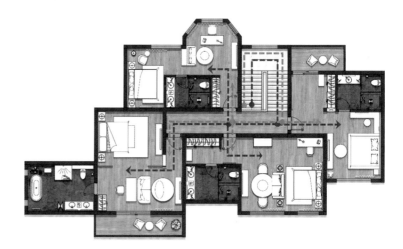

万国:酒店设计

洪铭乐 Hong Mingle

厦门闽南文化底蕴深厚，以闽南文化、海西文化等为主体的酒店具有客观的发展前景。但由于酒店管理不善，知名度不够，连锁化经营困难等，厦门闽南文化主题酒店发展困难。因此，树立和推广闽南主题酒店品牌价值，提升闽南文化主题酒店的标准化设计和个性化服务，提升顾客体验，对于提升闽南文化主题酒店的竞争力具有重要意义。

本次项目通过查询国内外文献、翻阅资料、实地考察，从空间布局、功能需求、色彩搭配、主题文化等方面进行多个酒店的对比，设计必须融入本土在地的文化才能形成每个设计的差异性。因此，酒店的方向也基本确定。如何才能利用传统与现代的共通性，打造出新的闽南生活体验。

川藏线工业遗址公园景观更新设计

李杰 Li Jie

本案设计是以川藏线为设计背景，结合案例分析，以工业遗址类景观修复为核心的更新设计，设计平面总面积为 12 020 平方米。设计风格现代，运用植筑设计的理念，简明地呈现出清爽淡雅而跳脱的感觉。

四丰红落民宿酒店设计

Li Yihang 李宜航

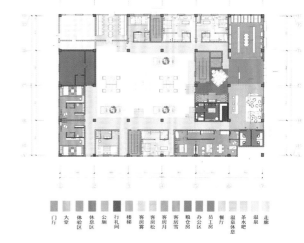

山水之间，有墅居焉。四丰红落是一座位于佳木斯市郊区迎宾路2号四丰山景区，集地域休闲、餐食、特色住宿等多项功能为一体的民宿酒店。内设大堂区、休息区、鱼皮画工艺体验区、温泉区、客房区、餐厅等。

"本土原生"是主要的基调和设计理念，东极韵味，雪域之城，原生木调为主，拿铁灰石材装饰为辅，营造出东北文化的实在感、淳朴感。如山雾、波光、白雪、红梅等，把古人对大自然符号的执着加入民宿设计中。室内的温暖和室外的寒冷两种截然不同的环境相碰撞，来体现整个大堂空间的褓褓感及温港感。

门厅　大堂　体验区　休息区　公厕　行礼间　楼梯　客房雾　客房松　客房月　粮仓房　办公区　员工房　餐厅　温泉休息　茶水吧　温泉　走廊

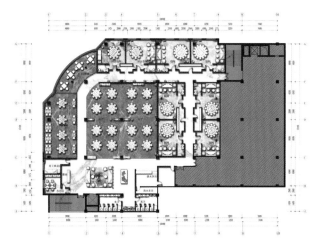

长安云脊美食餐厅

盘吉玲 Pan Jiling

　　"唐风食府悦客来，道逢佳肴口流涎。"本项目构想在陕西西安曲江大唐芙蓉园开设一家独具地域文化特色的美食餐厅，位于园区西门北侧，充分展示了盛唐时的餐饮特色。其餐饮设计有着较强的地域文化色彩，将其与餐饮空间巧妙融合，打造一家独具当地文化特色的中高档餐厅，全方位满足游客的就餐需求。

川藏线雅安站站前旅游餐厅

孙薇 Sun Wei

　　本设计是基于杭州建筑风格装饰符号与龙井茶叶为主要元素的餐饮空间设计。通过空间布局、元素提炼与使用、软装陈设、颜色搭配等迎合设计主题与设计思想，创造一个符合现代审美的新中式餐饮空间。

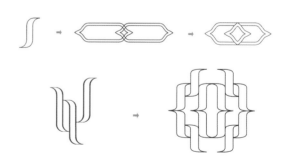

地域文化在云曼商务酒店空间中的表现化体现

朱惠 Zhu Hui

　　通过地域文化在酒店设计表现中的体现让人们更加去了解设计，酒店空间设计在满足相应功能的同时，从空间设计中体现出地域文化特色。深入了解当地文化，进行分析设计，到最后在空间中的运用，凸显出本课题的设计特色。

"银装素裹"主题空间软装设计

龚玉蓉 Gong Yurong

　　"银装素裹"给人一种冬日里大雪过后的宁静、安逸的感觉，本设计围绕"银装素裹"，主要利用手工艺缎带绣的手法进行设计，完成客厅的软装设计，营造一种宁静安逸的氛围。毕业设计方案主要目的是用传统手工艺与客厅空间的结合使人能够置身于"雪地"中，通过手工艺丝带绣和编织的手法设计呈现客厅的氛围，在传统手工艺的基础上与现代审美相结合，使更多的人能认识和喜爱，这也是此设计的重要意义所在。与此同时，在制作研究过程中让自己充分了解传统手艺，体验传统手工艺的魅力，提高自己对审美的认知。

"夏日婆娑"主题现代室内空间软装设计

Wei Guohua 韦国桦

　　本次"夏日婆娑"的主题源自于滕延庆的散文诗句"树影斑驳，日影婆娑。我仰望天际，微风拂过云朵"。起初读到这首诗，我脑海中便浮现出微风拂起轻软的纱幔，阳光穿过叶片洒下一地斑驳的美好画面。围绕主题，利用绳编技艺完成客厅休闲空间的软装陈设品的设计，营造一个波西米亚风格的浪漫自然的氛围。纤维艺术是一种古老而又年轻的艺术，从远古时期的结绳记事到现代时期的装饰陈设，绳编艺术从古至今与人类的生活息息相关，日益渗透。本次毕业设计方案旨在对绳编工艺深入了解，将传统手工艺在现代室内空间中进行新的诠释，在实际操作的过程中，能体会到手工制作的乐趣，同时也能陶冶情操，提升自身的审美与认知。本次毕业设计也是对自己大学四年专业学习的一个总结，是将四年学习成果实质性呈现出来的一个重要方式。

软装设计

陈春戎 Chen Chunrong

　　四川凉山彝族自治州传承和保留着中国彝族古朴、浓郁、独特的文化传统。我将传统的编织手工艺与彝族的传统文化相结合，应用到室内软装陈设设计中，以编织的方式表现彝族风情，希望能够让更多的现代人感受到纯朴的民族风情，让民族特色重焕光彩。

■ 苏笛 Su Di

该设计作品取名为"雅致"。整体设计相对比较精致、规整。采用方形元素，风格清淡而又不失典雅，体现"归园田居"般的主题，以朴实无华的形态不加雕饰地描绘出一个宁静纯美的天地。重新诠释了面料再造艺术在室内空间中的设计理念。

■ 张冉 Zhang Ran

　　本次方案将柔美的靛蓝色调与面料再造相结合，在肌理、形式、质感上进行二次工艺设计处理，一方面是为了烘托宁静祥和且富有禅意的氛围，另一方面是对传统手工艺的继承与发展。极富自然气息的材料肌理质感和手工韵味情调，唤起人对自然地深厚情感。

视觉传达设计 Visual Communication Design

视觉传达设计是通过视觉媒介表现传达给观众的设计。它是"给人看的设计，告知的设计"。在我们的生活中视觉传达设计所涉及的领域有很多，如电视、电影、建筑物、造型艺术、设计产品，以及各种图标、舞台、文字设计等。

 In China and many countries in the world, the term visual communication design is equivalent to graphic design. In the division of university majors, it is also the discipline of graphic design, which is broader than graphic design. Visual communication designers are also known as graphic designers, and are different from industrial designers, fashion designers, web designers and IT workers.

116

TALK ABOUT ME
TALK ABOUT ME
TALK ABOUT ME
TALK ABOUT ME
TALK ABOUT ME
TALK ABOUT ME

AL Z
HIE M
ER D
EASE

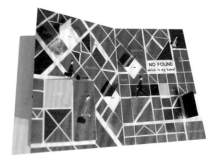

概念书籍设计——
《阿尔兹海默的世界》

钟茜 Zhong Xi

　　近几年由阿尔兹海默症引起的老年人走失的事件越来越频繁，而社会对此的关注度却不够。基于此，我以"阿尔兹海默症"老年人为研究对象，对阿尔兹海默症患者的日常生活进行探究，并运用书籍装帧设计的原理，通过对书籍装帧中的空间表达进行思考，结合现代工艺技术，提炼与设计主题相关的视觉元素，设计一套具有独特艺术风格的概念书籍，更形象地反映阿尔兹海默症患者的世界，进一步引起人们的关注。

　　书籍设计的表达空间也能称为概念书籍设计的一种表现形式，正常的理解就是打破书籍平面单一的形式，从二维化走向立体化、多维化的设计，从而体现其空间感。

信息化时代背景下的支配行为——主题信息设计

曾静怡　Zeng Jingyi

通过回顾智人所经历的前三个时代来探析信息化时代背景下与智人行为支配的关系。记录的是对未来智人的地位进行分析推算所得出的信息：【被机器取代的行业】【无用之人诞生】【手机恐慌】【智能机一天的活动】，以及两组衍生系列人物插画，方便观者得到警示信息，不要屈从于信息化时代下的智能工具。

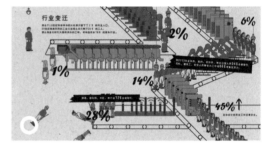

再设计理念与山海经衍生

荆治豪 Jing Zhihao

　　再设计，指的是把已有的设计再重新做一下。再设计是一种手段，让我们修正和更新对设计实质的感觉。这种实质隐藏在物的迷人环境中，因为过于熟悉而使我们不再能感受它。以前我们只是在设计一些"视觉刺激"，而现在尝试与那种过去分道扬镳，用明亮的眼睛看平常，得出设计的新思路。

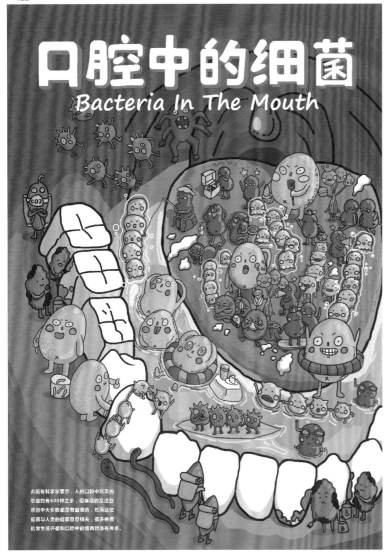

信息图形在科普知识中的视觉表达
——以细菌为例

罗潇楠 Luo Xiaonan

当下我们正处于互联网以及科技迅猛发展的大数据时代,海量的信息数据正影响着我们的生活,也改变了知识传播的领域和受众范围。特别是在科普知识这一领域,互联网的传播方式逐渐成为科普知识传播的重要途径。因此,利用简洁生动/易于理解的特点,将科普知识通过可视化和多元化的表现手法,让读者在观看中找到趣味感,同时传递知识。

隐藏在大自然中的细菌
The Bacteria That Are Hidden In Nature

上至3万多米的高空，下至3600多米的金矿中处都有细菌。就算细菌，有海洋中如们细菌数更多了，在深达1万多米的马海沟里就生活着各种细菌。

空气中的细菌

土壤中的细菌

70%-90%
10亿个

水中的细菌

102个

海洋中的细菌

102个

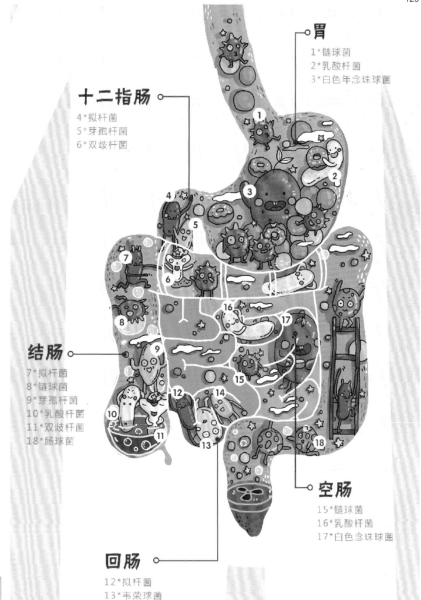

胃
1*链球菌
2*乳酸杆菌
3*白色年念珠球菌

十二指肠
4*拟杆菌
5*芽孢杆菌
6*双歧杆菌

结肠
7*拟杆菌
8*链球菌
9*芽孢杆菌
10*乳酸杆菌
11*双歧杆菌
18*肠球菌

空肠
15*链球菌
16*乳酸杆菌
17*白色念珠球菌

回肠
12*拟杆菌
13*韦荣球菌
14*芽孢杆菌

麻小馆品牌形象设计

吴健 Wu Jian

通过对四川麻将颜色和打法的全方面调查和研究，在保证一些麻友摸牌手感的情况下对麻将颜色进行设计，采用蓝红双色的配色方式，显得年轻又不失传统。再以独特的方式设计麻将说明书以此来帮助想去尝试学习麻将的新朋友，为改变大众对麻将固有的想法提供一个可能，对宣传麻将优秀文化部分有着积极作用。

探索台湾文化背景 与其视觉设计的融合

姚欢 Yao Huan

待晚

游台湾，我们想你多待几晚
DAIWAN CULTURE TRAVEL BRAND

　　探索台湾文化背景与其视觉设计的融合——"待晚"。"待晚"是台湾的文旅品牌，其涵盖了字体设计、插画、书籍装帧、包装设计、实物运用等各个方面，希望通过品牌的视觉表现形式来更好地诠释台湾文化。选用"待晚"二字，从发音上选择了台湾闽南语中"台湾"的谐音。在"待"字的下方加入了纸飞机的简影，寓意着旅行和交流。整个品牌的logo也为该二字组成，带来更多的可能性也更加直观。8幅插画在写实的基础上进行再创作，分别绘制了8个台湾热门旅游地的风土人情。

以《诗经》中植物信息图形表达为主题的视觉设计

姜妍 Jiang Yan

　　本次毕业设计是以《诗经·国风》中婚恋诗的植物意象为主题进行的插画设计。插画在色彩搭配上偏中国风，以线面结合的手法来表现，表达方式比较简约、含蓄，有一定的装饰性、象征性。希望通过这次毕业设计，能使更多的人发掘植物和文学的联系以及植物在文学作品中的意境，带动人们重温经典，学习传统文化。

"我与外婆的温暖小事"
插画视觉形象设计与应用

尹玲娟 Yin Lingjuan

通过对"我与外婆的温暖小事"
插画绘制，把童年时期和外婆生活的
温暖故事画下来，带领读者回忆小时
候快被遗忘的温存小事。通过设计性
的构图以及温暖的色彩绘制插画，将
童年和外婆的温情回忆重现，引起观
者想起小时候被遗忘的温存。

俗话说——俗语插画设计及运用

张程睿璨 Zhang Cheng Ruican

此次毕业设计主要针对三字俗语，将三字俗语分为职场、校园、社会三个方向，提取其中形象鲜明，对于俗语的插画设计及运用也能丰富俗语的传播形式，减少俗语传播的局限性，促进俗语文化的交流传播。

川藏·Yimin 豆本50

乔一敏 Qiao Yimin

本设计以豆本（小型纸制品）作为载体，在川藏铁路的信息背景下尝试将图像与使用情景进行结合。不止是生成图像后进行无限复制的传统平面设计方法，而是将功能与图像进行同步的思考与设计，最终形成了50个打破传统豆本形式的纸制品设计，同时具有能和情景、观者、空间互动的可能。在最后的展示效果中，与说明使用方式的定格动画进行配合完成作品呈现。

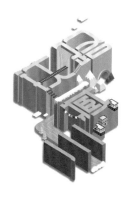

基于川藏铁路的信息可视化设计研究

李晓天 Li Xiaotian

本设计为了更好地宣传川藏铁路的价值和意义，采用信息可视化的方式，同时尝试 2.5D 立体地图的表达方法，结合相关站点立体化字体设计，将川藏铁路沿线的地理概况、主要站点、地标建筑以及相关站点的自然景观、代表性建筑等信息，通过图形立体化视觉设计呈现出来，引起受众与图形的共鸣，并最大程度传播信息。同时线上线下宣传相结合，使更多的人以更加直观、简易的方式了解川藏铁路沿线的相关信息。

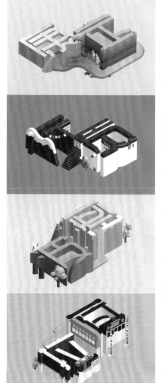

为体现川藏铁路沿线文化的立体书籍设计与应用

Li Haoran　李浩然

经过对旅游人群分析，大部分游客愿意购买旅游纪念品。但在纪念品中，立体书的商品少之又少，在川藏线上更是没有，所以在这次设计中选择隧道式立体书。之所以选择隧道式立体书，是因为隧道能够深刻形象地表达川藏铁路这一概念，一条线的表现形式，一览出川藏铁路。最后在立体书的基础上，进行插画文创设计，对川藏线及周边城市镇县进行宣传。在设计过程中，选取川藏线周围元素——建筑、动物、人文。通过插画处理，在排列成隧道式，体验到一览川藏铁路沿线的视觉体验。

法隆寺佛教文化主题:酒店用品文创设计研究

Wang Ting 王婷

　　本项目以中国佛教文化为主题，以酒店应用品文创设计为载体，以法隆寺经幢为实际案例。在商业设计与文化设计结合的前提下，通过对中国佛教文化，特别是法隆寺经幢做深度研究，考察历史遗迹，挖掘背景故事，探究人文价值，通过设计表达，诠释和传达其深厚的文化内涵，开发富有创新、创意并符合当代人喜爱的设计作品，作出为酒店带来经济效益的文创设计产品。

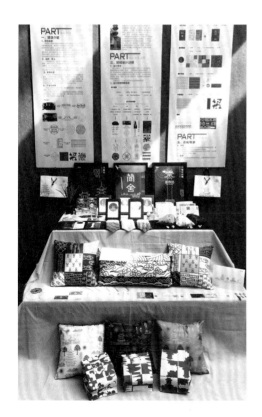

从成都到康定
·以川藏线为背景的特色站点文旅设计

亓明静 Qi Mingjing

　　"从成都到康定"讲述了成康两地建筑文化、人文历史、宗教文化和风土人情，以插画作为主要叙述情节，文旅产品作为叙述载体，形成两个特色站点的新的视觉形象。通过对前期资料进行不断深入的调查和研究，中途进行不断的思考与改进，并充分运用自己所学的知识，对画面视觉效果进行尝试、改造与创新。

南丝绸之路是古代 条以成都为起始点，经过滇（云南）通往缅（缅甸）印（印度）的国际通道，也是我国西南地区最早的对外交通线之一。作为丝绸之路的重要组成部分，其文化研究以及沿线旅游产业获得海内外的密切关注。尤其在 2014 年丝绸之路跨国申遗成功后，其旅游产业也得到了迅猛的发展。但在旅游产品的种类、市场营销、品牌打造方面还处于初级阶段。旅游产品类型单一甚至在文创衍生品方面存在很大的空缺。因此，本次研究将以"南丝绸之路"作为巴蜀文化的一个重要文化标志为出发点，结合中国古代哲学，探讨研究当今文化衍生品的新形势。

▌蜀身毒道
臧格囡 Zang Genan

Jan.

Mar.

Jun.

Dec.

兰州印象系列插画及其文旅产品衍生设计

张少奇 Zhang Shaoqi

插画绘制是本次设计中的亮点。插画的设计结合兰州文化和能够代表兰州特色的建筑物，以及非物质文化遗产，作为主要提炼对象归纳总结为四个方面的内容，分别是"生态""美食""交通""文博"四个系列。同时，运用四个符合甘肃文化的色调，背景融入了波点艺术以及主体物矢量描边的手法绘制插画，来体现兰州特色，契合当下年轻人对审美的需要。并将插画延展至兰州特色食品以及文旅产品的包装设计当中，体现浓郁的西北风情，兰州味道。

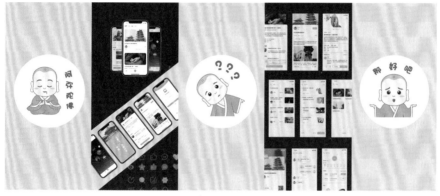

佛教文化"莲系"APP 界面设计研究

Zhang Shuo 张硕

在对佛文化 APP 设计过程中，通过对以往学习的知识，论文结合中国佛教文化的相关知识，围绕作者本人对中国佛教文化的相关研究，通过对佛教文化图案形状进行相关分析，以及分析同类型 APP 界面设计，分别从造型设计、图形设计、操作手法以及色彩搭配等方面设计出佛学相关的艺术形象，希望以视觉艺术展现直观的佛学形象，给用者真实的生活感染力。另外在给 APP 增加吉祥物等趣味性的同时也对 APP 起到了画龙点睛的作用。让"莲系"应用于人们的生活，能够让人们更加了解中国的佛学文化。

川藏沿线的皮影戏与藏戏的对比与开发

孙曌宇 Sun Zhaoyu

通过插画的形式表现皮影戏和藏戏的特点，用夸张和充满对比感的画面展示戏剧的概念。整体设计展示依托魔方装置，形成一个四面都可以观看的展台。而在插画的部分利用皮影戏绘制26个字母，藏戏则是绘制了贪痴嗔系列插画。

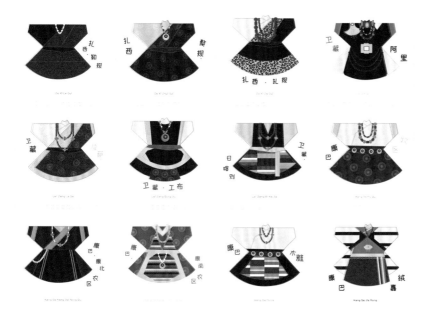

扎西勒规 扎西 鬃规
扎西·扎规
卫藏 阿里

卫藏 卫藏·工布 卫藏 康巴

康巴·康北农区 康巴·康南农区 康巴·木雅 康巴·绒喜

基于川藏铁路的背景下，以藏族服饰文化的推广为出发点，将藏族服饰纹样视觉化，给人以直观的感受。以创立一个藏族服饰相关文创产品品牌的方式，来制作相关的文旅产品。引起大众关注，注重文化保护，主动去了解这一特色文化。文创产品的形式，能够让人们更快地接受这一文化的推广。实体产品的售卖在藏区经济的发展上也有一定的帮助。

基于川藏铁路:沿线卫藏、康巴藏族服饰纹样再设计

杜娟 Du Juan

WUHAN 01

工业设计 industrial Design

工业设计是一种根据产业状况以决定制作物品之适应特质的创造活动。适应物品特质，不单指物品的结构，而是兼顾使用者和生产者双方的观点，使抽象的概念系统化，完成统一而具体化的物品形象，意即着眼于根本的结构与机能间的相互关系，其根据工业生产的条件扩大了人类环境的局面。

Industrial design is a kind of creative activity that determines the adaptation characteristics of products according to the industrial conditions. To adapt to the characteristics of goods means not only the structure of goods, but also the views of both users and producers, so as to systematize the abstract concepts and achieve a unified and specific image of goods. This means to focus on the fundamental relationship between structure and function, which expands the situation of human environment according to the conditions of industrial production.

云南少数民族餐具文化研究（藏族）

张紫迅 Zhang Zixun

　　目标人群为在城市居住、追求现代简约美的藏族家庭。此设计不仅使餐具多样化，而且对其独特的餐饮文化有一定的保护作用。此餐具采用牦牛角和莲花两个元素定器型及装饰，因为牦牛和莲花在藏族文化中是不可或缺的。整套作品饱满圆润，敞口设计便于拿放和防止烫手。

1.旋转入口放豆

2.手摇磨豆

磨豆　　　　豆仓

粉碗槽

3.拆分

4.倒粉，粉碗接粉

5.压粉

6.完成，粉碗放入手柄

手摇式咖啡豆研磨机设计

曹帆　Cao Fan

　　为意式手磨咖啡爱好者设计的一个具有工具收纳、压粉功能的手摇式咖啡研磨机。为用户提供更加便捷的咖啡制作体验和更加简洁与清洁型的咖啡制作器具。

现代藤椅设计

曹雅君 Cao Yajun

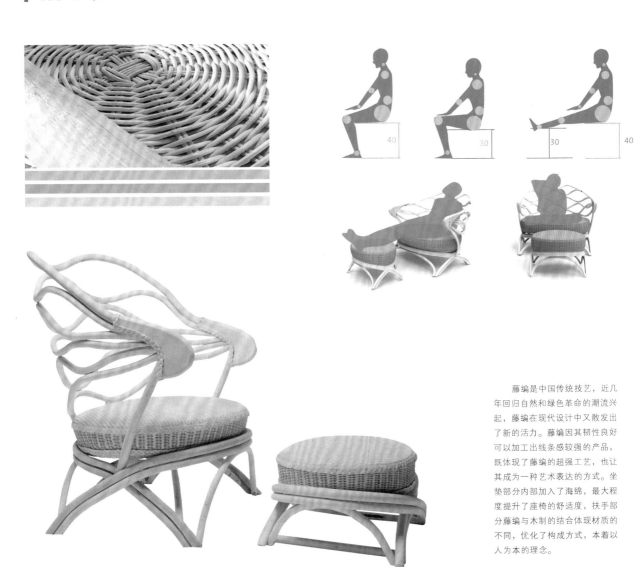

　　藤编是中国传统技艺，近几年回归自然和绿色革命的潮流兴起，藤编在现代设计中又散发出了新的活力。藤编因其韧性良好可以加工出线条感较强的产品，既体现了藤编的超强工艺，也让其成为一种艺术表达的方式。坐垫部分内部加入了海绵，最大程度提升了座椅的舒适度，扶手部分藤与木制的结合体现材质的不同，优化了构成方式，本着以人为本的理念。

多功能儿童游戏桌设计

崔中慧 Cui Zhonghui

根据儿童精细动作及认知的相关研究发现，培养孩子的动手能力对于她们早期智力发展有着重要影响，因此通过儿童的心理社会性认知发展和行为习惯等多方面的研究，尝试为2至6岁的儿童提供一个功能多样富有童趣的游戏桌，使他们在使用过程中既能增进与父母的感情，也可以在游戏中开发智力、锻炼动手能力和想象力。

多层实木板

■ 上海地铁第十八号线设计 邓 忠 Deng Zhong

　　地铁作为城市中重要的公共交通,对城市内人们的出行有重要意义,是能满足人们的更便捷更高效的出行方式,也能让外地人感受到大都市的科技感与未来感。更高的容量和效率,老年人车厢是上海地铁十八号线的重要特征,在不改变甲方提供的主要车体结构的情况下,设计有老年人车厢的专有涂装。

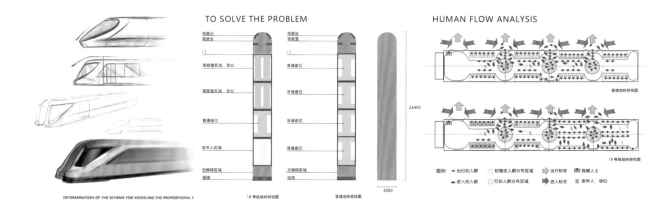

TO SOLVE THE PROBLEM

HUMAN FLOW ANALYSIS

DETERMINATION OF THE SCHEME FOR MODELING THE PROPORTIONAL F

18 号线地铁剖视图　　普通地铁剖视图

边远地区概念救护车（医院）设计

高开德 Gao Kaide

　　针对西藏、四川、云贵等偏远地区医疗条件相对滞后，人们看病难、买药难、路途崎岖、灾害频发的现状，发挥其越野性强、精准搜救、空间大设备全等优势，用于巡诊、急救甚至野外救援和抢险救灾，救护车也可以成为"便民 流动医院"。

户外应急求援装置

姜子悦 Jiang Ziyue

户外运动者可随身携带信号发射装置在背包中，以防突发情况，需要求援时开启装置，信号发射模块可以向四周发射维持一周时间的求救信号，在平时可以作为照明装置。

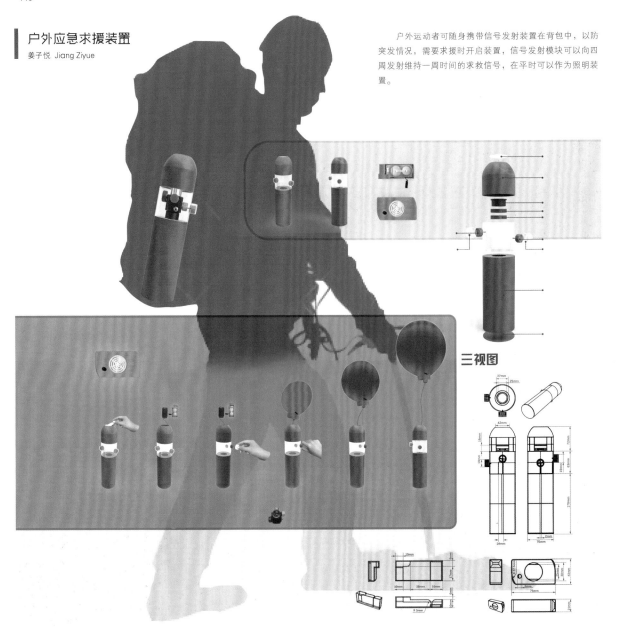

三视图

■ 办公空间的午休具 乐 瑶 Le Yao

　　针对都市上班族存在午休困难，休息时间有不同需求的人会相互打扰，不顾及他人感受的现状，设计一款多功能的隐私坐具，便于对午休时间有不同需求的人群，方便利用好自己的休息时间并不打扰到别人。

紫外线消毒刀座&套刀设计

刘 炜 Liu Wei

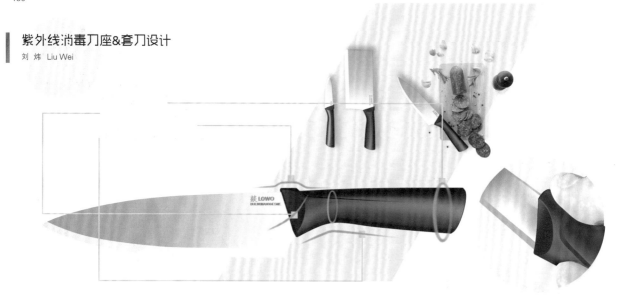

经过调查，一般90%的中国家庭在处理食物时仅仅选用一把刀具作为主要加工手段，并且绝大部分的食材需要自己再加工。但在这个过程中，如果食材有了细菌感染，将会是一种传播性质的感染。从这个意义出发，此次的毕业设计中，我们想从中找出一种简单实用的方法来尝试解决这个问题，同时针对现在的饮食习惯做一些相应的处理道具上的再设计。

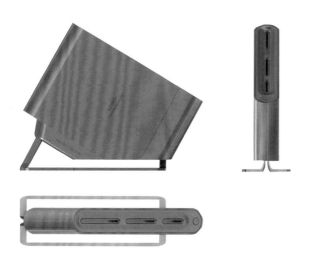

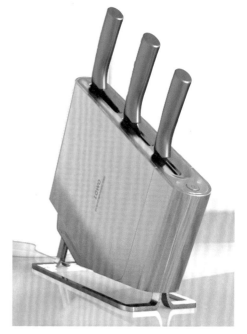

中轻度老年痴呆患者导航智能手表

史 鑫 Shi Xin

创新定位：被动定位 变 主动寻找

　　按导航键进入目的地，黄色箭头是使用者当前朝向，绿色箭头是导航正确朝向。朝向正确后开始直行，左上方是距目的地距离，右上方是当前时间。

　　按电话键进入联系人，上下键选择联系人。电话键确认拨打，挂断/接应时可触屏和按键。

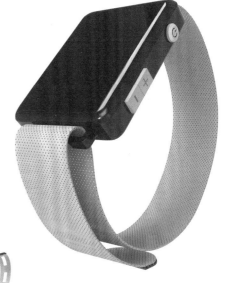

公园
家
商店
医院
银行
公交

老伴
儿子
女儿
侄子

儿子 女儿 SOS

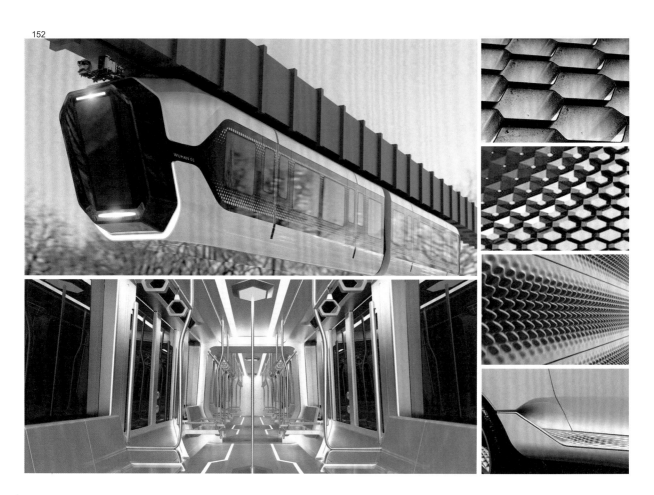

■ 空轨列车开发设计　唐召宇 Tang Zhaoyu

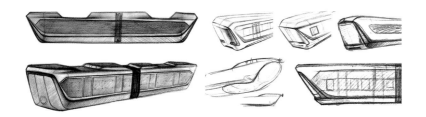

本设计为中铁建的实际项目，由国家牵引动力实验室牵头，要求给既定的车身尺寸和断面中，针对空轨列车进行外观及内饰设计，定位风格为前卫、现代、简约。

2022 Lawn Machine——运载式智能除草方案概念设计

唐安表 Tang Anbiao

针对城市草坪覆盖面积快速增长而提出的更加环保的除草方案，设计方案结合现有的无人机遥感技术对地形数据搜集；具有智能规划能力的除草机根据地形数据进行自动化除草；同时配备能够提供电能补给及碎草回收的运载车，能够有效应对草坪 高修剪标准和高修剪频率的问题，降低人工操作机械的危险性和然后器械所带来的环境污染问题。

■ **碗如见茶** 张蓝兮 Zhang Lanxi

在现代，喝茶似乎变成了一种形式感，就好像当人们不懂什么为"文化"，就会将所有已知的实物糅合在一起，统统归结为"文化"。非常典型的，喝茶也是被这样的"文化"所影响，从而失去了它本身的意味。

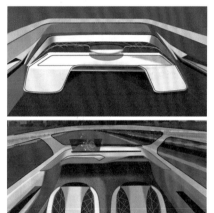

2035新能源磁悬浮列车

张凌云 Zhang Lingyun

随着社会的发展，城市交通变得越来越拥挤，交通事故发生频繁，自动驾驶趋势将逐渐替代人为驾驶，而二胎家庭的增加使汽车的容纳量成为人们选择汽车时优先考虑的因素，人工智能一定会在未来汽车中承载重要的部分。

SKETCH

ED TONY CLEAN ········· 理发器具消毒机研发设计
Development and Design of Hairdresser Disinfection Machine

野外征服者

张杰 Zhang Jie

武汉地铁外观及内饰空间设计研究

戎尚 Rong Shang

超高速磁悬浮概念设计

毛炫颖　Mao Xuanying

丽江旅游地铁外观及内室空间设计研究

务明文 Wu Mingwen

英菲尼迪概念旅行车

邓威祺 Deng Weiqi

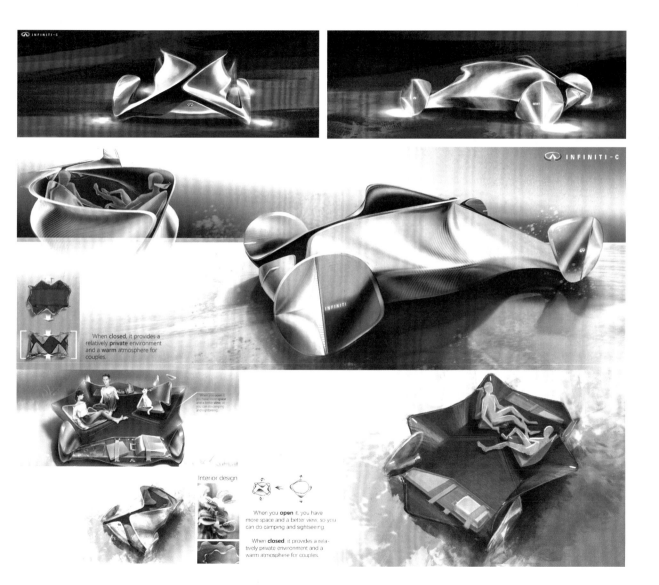

When **closed**, it provides a relatively **private** environment and a **warm** atmosphere for couples.

When you open it, you have more **space** and a better view, so you can do camping and sightseeing.

Interior design

When you **open** it, you have more space and a better view, so you can do camping and sightseeing.

When **closed**, it provides a relatively private environment and a warm atmosphere for couples.

仿生式藤编躺椅设计

张玉琪 Zhang Yuqi

现代藤椅仿生设计

刘月 Liu Yue

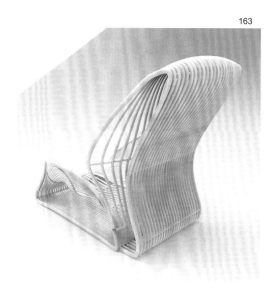

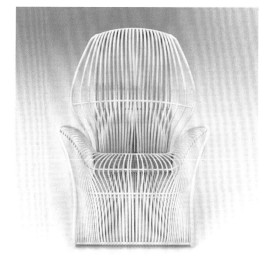

美术 Fine Arts

美术专业主要包括绘画、雕塑、工艺美术、建筑艺术等。美术专业领域是在建筑与设计学院美术学系绘画本科专业的基础上建立起来的。绘画本科专业2001年申报成功、2002年开始招收第一届学生。经过数年努力和调试，该专业形成了完善的办学格局，打造了一支全面和术有专攻的师资队伍，老中青结合，教学课程设置趋于合理，既重视基础教学，又注意了与当代艺术发展接轨，教师在教学实践方面也不断总结经验，授课形式和方式逐渐成熟。

FineArts

美 术

The fine arts includes painting, sculpture, arts and crafts and architectural art. Fine arts major is established on the basis of painting major in fine arts department from School of Architecture and Design. The painting major started in 2001 and enrolled the first class of students in 2002. This major has formed a perfect pattern of running a school, a high level of teaching staff, after many years' efforts.

寻梦芳华

林肖峰 Lin Xiaofeng

　　短短四年时光一如平湖泛舟般悠悠而过，在这段时光里着实收获颇丰。在这段寻艺之旅中，吾与良师诤友踏寻了祖国的大江南北，欢笑声与学术之光相交融，留下了此生最珍贵且不可磨灭的回忆。从"悟繁茂青城之道"开始，其间"观太行之绝岩，领西子之艺美，会苏园之匠心，叹三峡之鸿渊，体蓥华之骤雨"，所历之事无一不跃然于脑海中。

寻山记叁

吴登大 Wu Dengda

　　《寻山记》系列作品是我在大学四年开始对山水画认知和熟悉过程的一个呈现。由最初的东到雁荡，再返回峨眉和青城，到最后的北上太行，这些经历构成了我对山水写生过程的一个记忆，于是最后我将在四年山水写生的基础上，以寻山为"根"的记忆拼凑来完成这一系列的毕业作品。

■ 三代人 陈志华 Chen Zhihua

　　在三联画中，最左侧所画的风景画屋舍代表的是旧时代的物质条件，最右侧的风景代表新时代的物质条件，透过两侧与中间人物衣着的变化来预示空间的一种变迁与物质方面的变化。此画通过三个年龄段的人来表达时间的跨度：老人代表了旧的时代，是旧时代的一个缩影；中年妇女代表着现有的生活；小女孩代表对未来更加美好的生活的向往与期盼。中间画幅的背景我用立体派画法的乐器来象征着人们的多面性的精神世界。

169

■ 快乐之教室 胡虹芬 Hu Hongfen

　　画面用各种规则的几何形体构成一个大的框架，大面积平铺，使画面看起来安静，稳定。几何形简单且规则，所以画面所突出的主题就很明朗清楚。画面主体人物是我最熟悉最亲密的大学同学，画面中的她穿着红色的民族服装，摆着各种可爱有趣的姿势，脸上泛着微笑，有一丝自娱自乐的意味。

《三六十二》室友 同学　吴文欢 Wu Wenhuan

　　我们在平时照镜子的时候都是去美化自己，去整理自己的妆容，去整理自己的着装，但是在普通镜子里的形象和在哈哈镜里的形象是完全不同的，那种变形、扭曲的形象让我产生一种情感，我会觉得这种想象更自然，更真实，不自觉地就想把画面表达出来。我认为美术是像舞蹈，像音乐一样可以宣泄自己内心的艺术，我想把情感、思想带入整个画面中去，让看到我画的人可以产生共鸣。

■ **封面人物** 刘懿萱 Liu Yixuan

　　《封面人物》选取玛莉莲·梦露作为表现形象，因为梦露是工业时代被流行文化绑架的时尚人物之一。本作品试图通过梦露在当时时代的文化处境来影射当下的时尚文化信息对于当下人的侵蚀与控制。材料选取时尚杂志作为表现手段，试图进一步阐释作品所要传达的问题。

青年·夜

吴晓娟 Wu Xiaojuan

　　艺术源于生活。该系列作品主要是表现时代环境对青年生活的影响，在现代，轻松丰富的夜晚生活慢慢成为青年休闲放松的生活方式，熬夜玩手机、打游戏、聚餐、看电影、追剧更是经常出现的。整幅作品无谓批评与否，人物题材的选取上也并非具指某个人，而是代表青年整体，作品主要是想通过夸张荒诞的画面效果来引发人们的思考。

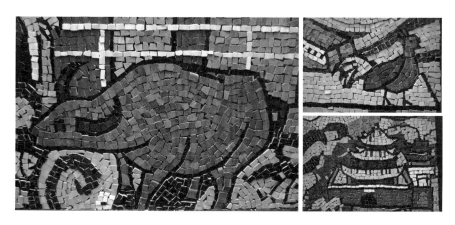

六角一号

刘娇 Liu Jiao

　　使用马赛克的破碎与重组，表现移民的破碎与重建，六角一号它只是一个关于移民的小故事罢了。

■ 老街 颜静 Yan Jing

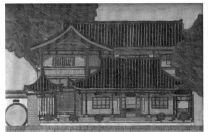

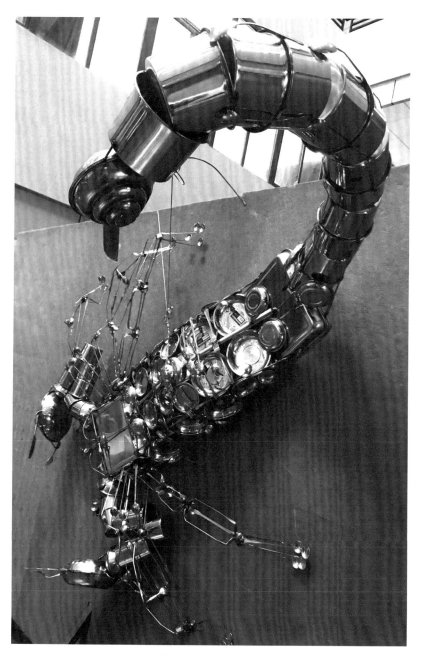

■ 机械师 贾山涛 Jia Shantao

　　作品以不锈钢餐具为基本元素，通过不锈钢焊接拼接的方式造型。其中不锈钢餐具元素包括勺子、叉子、盘子、牛排刀等，都是生活中最常见的饮食餐具元素。作品体量2.6mX1.4m。制作期间遇到了很多问题，比如说造型方面的和焊接方面的。自己完成了尾部的焊接工作，后期一些焊接技术性问题由一位师傅帮忙完成。过程虽然艰辛，但是在看到作品成型的一瞬间心里还是很满足。

我们今天的生活为什么如此不同，如此高有魅力

姚明伟 Yao Mingwei

　　我的作品通过色块、平涂理性地处理人物，使用简洁的色块来构成画面的艺术语言，并采取拼贴的构图方式，在身边寻找时代的符号来构成作品画面最基本的内容。我的作品将本没有联系的物品拼到一个画面中来，它们以碎片化的形式出现，看似孤立，但又相互衬托，在画布上组合成和谐场景。我在画面中大面积使用纯色块不仅符合我的个人审美趣味，同时也符合我的创作思想。

■ 守 陈宇 Chen Yu

作品是以大手和小手造型为原型的一个雕塑，在1:1的模型上选用铁丝这种材质，并通过点焊的方式表现，作品意在表现关怀和守护的情感。

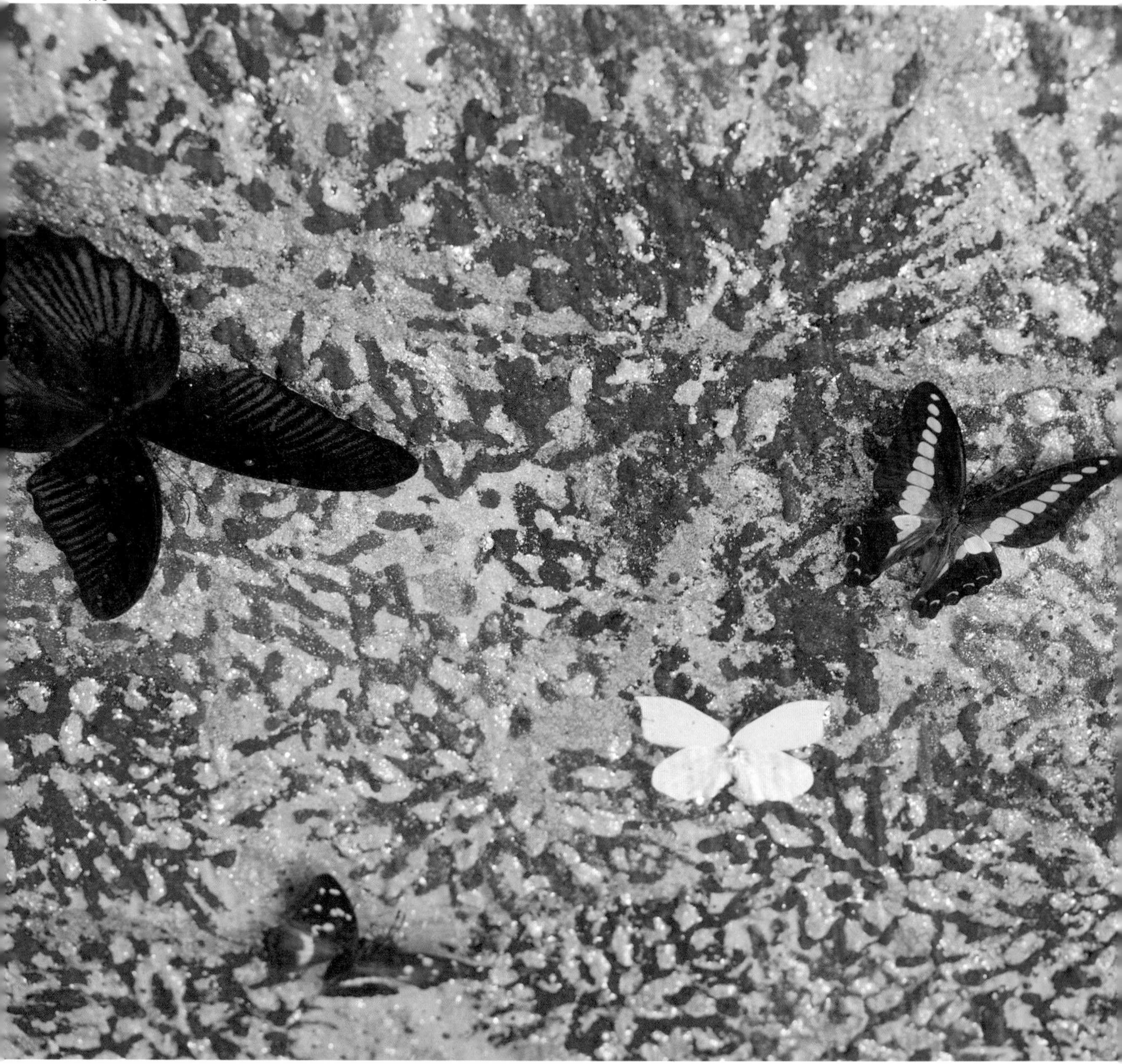

■ 秘密花园　王佳乐 Wang Jiale

1984 · 系列
陈杰 Chen Jie

城市 · 系列

韩晶 Han Jing

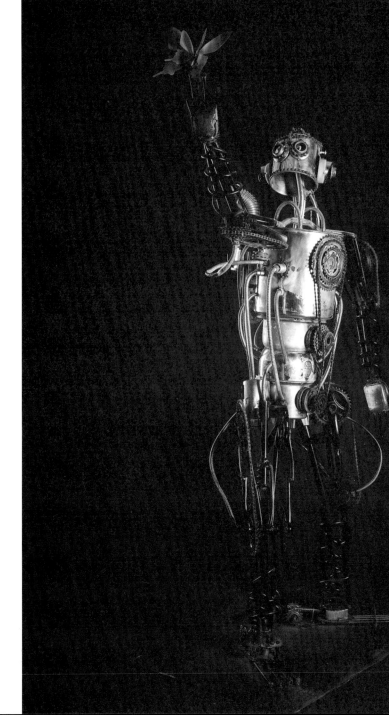

大都会
茆忠梁 Mao Zhongliang

风忠堡
Chen Kefan 陈克凡

王国之心
Chen Kefan 陈克凡

机械牛

李恒 Li Heng

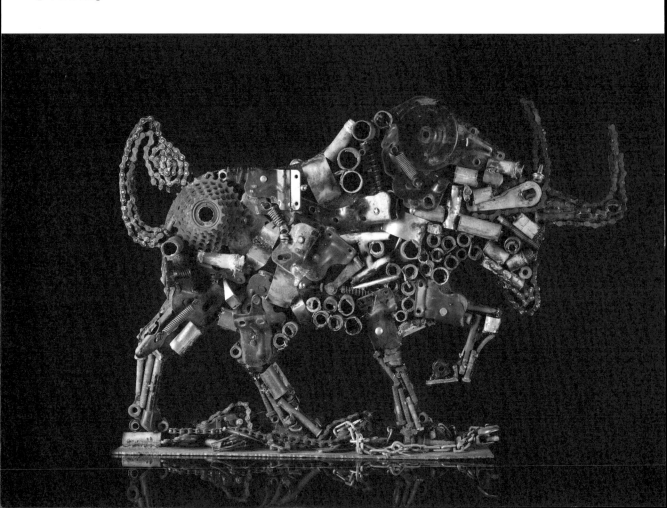

若水
Li Wukun 李武坤

寻踪
黄钰倩 Huang Yuqian

山旅·系列

陈永宁 Chen Yongning

心系故土 · 系列
Liu Hong 刘宏

印影 · 系列
王志明 Wang Zhiming

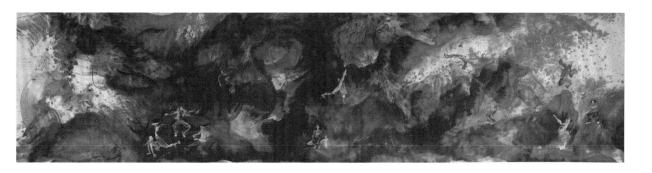